与时俱进 砥砺前行

中国制冷展十年技术回顾报告

（2008—2017）

中国制冷展组委会　组织编写

中国建筑工业出版社

图书在版编目（CIP）数据

与时俱进 砥砺前行：中国制冷展十年技术回顾报告：2008—2017/中国制冷展组委会组织编写. —北京：中国建筑工业出版社，2018.10
ISBN 978-7-112-22443-2

Ⅰ.①与… Ⅱ.①中… Ⅲ.①制冷技术-研究报告-中国-2008—2017 Ⅳ.①TB66

中国版本图书馆 CIP 数据核字（2018）第 153800 号

责任编辑：张文胜
责任校对：王 瑞

与时俱进 砥砺前行

中国制冷展十年技术回顾报告
（2008—2017）

中国制冷展组委会 组织编写

*

中国建筑工业出版社出版、发行（北京海淀三里河路 9 号）
各地新华书店、建筑书店经销
北京科地亚盟排版公司制版
北京中科印刷有限公司印刷

*

开本：787×1092 毫米 1/16 印张：6½ 字数：156 千字
2018 年 9 月第一版 2018 年 9 月第一次印刷
定价：**62.00** 元
ISBN 978-7-112-22443-2
（32317）

本书编委会

指导委员会

吴德绳　金嘉玮　林　彬　樊高定　盂庆国　张朝晖

编写委员会

石文星　马国远　解国珍　王宝龙　邵晓亮　姜益强
刘　斌　田长青　徐荣吉　许树学　丁若晨　王　刚
陈启超　徐洪波　邵双全　吴延鹏　杜志敏　刘业凤
申　江　胡文举　孙方田　熊亚选　姚　晔　张朋磊
董丽萍　柴英杰　刘晓红　王从飞　白俊文　赵　娜
张　雯　薛龙云　康　璟　李　思　祝一平

序

欣喜地学习了这本《与时俱进 砥砺前行 中国制冷展十年技术回顾报告（2008—2017）》的清样，历史的场景按时间顺序逐年呈现在脑中：改革开放的新时代、市场经济的推进、我们行业的发展、中国制冷展的形成、从制冷空调大国向强国的努力、每年一届的制冷展的进步，直到中国制冷展技术报告环节的诞生。

大家回顾这些历史，都会激发爱国心。致力过这些进步的行业人士，更会激发自豪感和责任感！"不忘初心，牢记使命"是习总书记在十九大中的重要教导。编写这本重要的十年总结性文献，是不忘初心，牢记使命的"审视"，也是一次用这个哲学方法论、实践论的实践。相信通过这次的审视，我们的工作水平会更高，我们的努力会更有信心，我们的热情会更富有使命感。

谢谢成书的各位同仁！你们用辛勤的劳动和热情为行业又贡献了一个光辉的纪念。

中国制冷展专家委员会主任

吴德绳

2018 年 3 月 10 日

前　　言

伴随我国制冷空调行业的快速发展，在政府部门的大力支持、主办方的不懈努力以及行业同仁的积极参与下，中国制冷展已发展成为全球制冷空调行业中规模最大的专业展会之一。2017 年，在中国制冷展创办三十周年以及《中国制冷展·技术报告》撰写十周年之际，总结中国制冷空调行业与时俱进的技术进展，回顾中国制冷展十年砥砺前行的历程，继往开来，意义重大。

中国制冷展从初始仅有产品的展示发展到现在世界级综合性的行业盛会，已成为全球行业发展的展示平台，产品与相关应用技术的宣传平台，企业面向用户的服务平台，以及产、学、研、用、媒的交流和互动平台。如此巨大的变化中，富含了科技人员的无限智慧、全球企业的创新驱动、行业组织的积极引领和展会组委会的辛勤奉献。

中国制冷展最近十年的展会进程，足以反映我国制冷空调行业"一条主线、三个阶段"的技术进展特征。"一条主线"是指，十年来，我国制冷空调产业一步一个脚印、稳健地走出一条从"制冷大国"向"制冷强国"迈进的路子。同时，十年历程可划分为"三个阶段"：2009 年前可以称为"跟跑阶段"，该阶段国内企业通过引进、消化，部分产品通过合资等方式生产，学习国外先进技术；2010～2014 年可以称为"并跑阶段"，此阶段我国企业的研发设计、制造加工和销售服务水平不断提升，特别是在研发能力和生产工艺方面取得了突破性进展，"Made in China"已经逐渐成为高质量产品的象征；2015 年后，部分技术和产品已进入"领跑阶段"，很多产品的性能已匹敌先进国家产品，一些原创技术和创新产品已达到国际领先水平。

反映上述阶段特征的技术和产品，在每年"中国制冷展创新产品"的评选、产品展示和技术交流中得到充分体现。各种容量的磁悬浮、气体轴承、变频直驱离心冷水机组，应用于核电领域的高可靠性、高安全性冷水机组，溶液除湿机组、间接蒸发式冷水机组等温湿度独立控制系统与设备，应用于集中供热的吸收式热泵换热机组和余热利用的吸收式热泵机组，针对寒冷地区供暖用准双级、双级和三级压缩的空气源热泵机组，采用变频调速技术提高部分负荷和变工况性能的离心与螺杆冷水机组、多联机、单元式空调机以及房间空调器等各种容量的制冷空调机组，环保制冷剂替代技术与产品，各种热回收技术、自然冷源利用技术的产品和系统，改善室内空气品质的新风机组和空气净化产品，以及基于智能和网络控制的家用与商用制冷空调产品和系统等。这些产品已大量应用于实际工程，反映了行业的发展趋势，并引领着行业的发展方向。

中国制冷展最近十年的历程，虽艰苦卓绝，但精彩纷呈。展会早已不仅是产品展示的场所，更是融产品展示、主题报告会、专题研讨会等学术交流于一体的行业交流重要平台。交流技术，宣传理念，激发创新，引导前沿，可以说，中国制冷展已成为倡导环境保护、践行节能减排、推动环境健康、护航食品安全、重视智能控制、促进人才培养、弘扬工业化文化和工匠精神的平台。无疑，中国制冷展已成为了行业发展的风向标。

在吴元炜、吴德绳两位先生的倡导和支持下，从2008年第19届中国制冷展开始，组委会就连续组织团队撰写"中国制冷展技术报告"，至今已有十年历史。从最早的仅介绍展品特点的简短报道逐渐发展到目前的包括展会概况、技术进展、学术交流、技术特点的展会总结，记载着展会的全方位信息。技术总结不仅受到展商的欢迎，同时也得到国际媒体的关注，自2016年开始，日本JARN（Japan Air Conditioning, Heating & Refrigeration News）杂志社选登技术总结英文版，并向全球发行，对中国制冷展进行了更为广泛的宣传。

在"中国制冷展技术报告"撰写十周年后，撰写这个总结之总结——《与时俱进　砥砺前行　中国制冷展十年技术回顾报告（2008—2017）》，其目的在于：

第一、记载展会阶段历史。中国制冷展的历史也是中国乃至世界制冷空调产业的发展历史，通过对展会进行总结，可记录十年的行业发展历程。

第二、记载技术阶段进展。中国制冷展是国际制冷空调行业最重要的展会之一，展出了行业最新和基本成熟的展品，体现了行业的发展动态；主题报告、专题研讨会已成为行业最为关注的热点，不仅体现每届展会主题，也反映出行业发展现状及未来发展趋势；每年40～50场的技术交流会为企业提供了展示新技术、新理念和体系创新的展示平台。

第三、宣传展商技术。中国制冷展非常关注展商的利益，通过技术总结和网络"365天不落幕"的宣传报道，在国际范围内宣传行业和展商技术，为国际合作提供信息资源。

据此，中国制冷展组委会和专家委员会组织了行业的技术专家，结合十年的展会技术总结和行业发展进程，撰写了本书。

参加历届展会技术总结的作者有：石文星、马国远、刘斌、解国珍、王宝龙、徐荣吉、许树学、王刚、吴延鹏、邵晓亮、杜志敏、刘业凤、申江、胡文举、孙方田、熊亚选、姚晔、张朋磊。

参加本书编写的作者有：石文星（前言、第3章），马国远、许树学、丁若晨（第2.1节），解国珍、徐荣吉、王刚、陈启超（第2.2节），王宝龙（第2.3节），邵晓亮（第2.4节），姜益强（第2.5节），田长青、刘斌、徐洪波、邵双全（第2.6节），柴英杰、刘晓红、王从飞、白俊文、赵娜、张雯、薛龙云、康琭、李思、祝一平（第1章、附录）。董丽萍参与了报告的修订。

在此，向这些无私奉献的专家作者表示衷心的感谢和崇高的敬意！

中国制冷展将不忘初心，一如既往地为展商搭建全球行业的展示平台、交流平台、宣传平台和服务平台，牢记为展商"提供完美服务"的展会本质；将继续肩负贯彻新发展理念，推进绿色发展，建设生态文明的使命，为保障和改善人民的生活品质，建设美丽中国，推动我国从"制冷大国"向"制冷强国"，从"中国制造"向"中国创造"的转变做出不懈努力！

2018年3月10日

目　　录

第 1 章　展会整体情况回顾

1.1　2008～2017 年中国制冷展数据汇总

　　2008～2017 年，伴随改革开放后的高速发展，中国制冷空调行业企业在激烈的竞争中兼收并蓄、开拓创新、艰苦奋斗，在技术提升、标准制/修订、产品能效提高、环保冷媒应用、绿色运营等方面均取得了有目共睹的成绩；生产的制冷、空调设备在百家争鸣的氛围中层出不穷、门类齐全，目前多项产品产量位居世界第一并远销海外；行业快速发展成为全球最大的制冷、空调设备生产国和消费市场，制冷空调工业也成为我国装备制造业的有生力量和国民经济的重要组成部分。近十年，我国制冷空调行业工业总产值稳中有升，至 2017 年已经超过 6000 亿元（见图 1.1-1）。

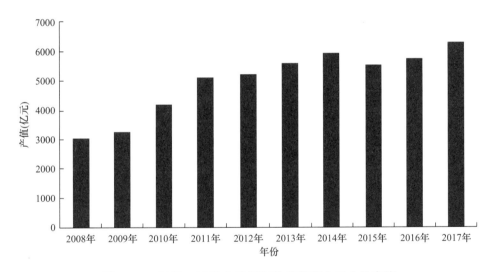

图 1.1-1　2008～2017 年我国制冷空调行业工业总产值

　　下文将对 2008～2017 年间历届展会的总面积、净面积、参展厂商数量、参观人数、参展商国别、观众国别六方面做简要回顾。

1. 历届展会总面积

　　2008～2014 年，展会总面积呈稳步上升趋势，自 2014 年起，由于场馆面积限制，双数年（于北京举办）展会总面积稳定在 106800m²，单数年（于上海举办）展会总面积稳定在 103500m²（见表 1.1-1）。随着我国制冷空调行业的不断发展以及中国制冷展规模和影响的不断扩大，国内外展商均对中国制冷展保持较高的参展热情，2017 年境外展商参展面积达 34155m²，比 2008 年增加近一倍（见图 1.1-2）。

年份	2008	2009	2010	2011	2012	2013	2014	2015	2016	2017
展会总面积（m²）	66900	59386	80000	80500	92700	93100	106800	103500	106800	103500
境外厂商参展总面积（m²）	19599	17398	23436	23282	19096	27930	32040	29705	32047	34155
境内厂商参展总面积（m²）	47301	41988	56564	57218	73604	65170	74760	73795	74753	69345

2008～2017 年历届中国制冷展总面积　　表 1.1-1

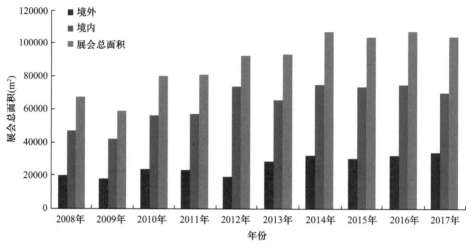

图 1.1-2　2008～2017 年历届中国制冷展总面积

2. 历届展会净面积

随着展会总面积的逐步扩展，展会净面积也不断增加。在过去十年间，展会净面积由 28641m² 增至 48378m²，其中境外展商 2017 年参展净面积为 15965m²，是 2008 年的近 2 倍，境内展商 2017 年参展净面积为 32413m²，约为 2008 年的 1.6 倍（见表 1.1-2 和图 1.1-3）。

2008～2017 年历届中国制冷展净面积　　表 1.1-2

年份	2008	2009	2010	2011	2012	2013	2014	2015	2016	2017
展会净面积（m²）	28641	23591	31360	36786	40231	42854	43844	47958	43300	48378
境外展商参展净面积（m²）	8391	6911	9187	11641	8288	12540	13160	13777	12993	15965
境内展商参展净面积（m²）	20250	16680	22173	24835	31943	30314	30684	34181	30307	32413

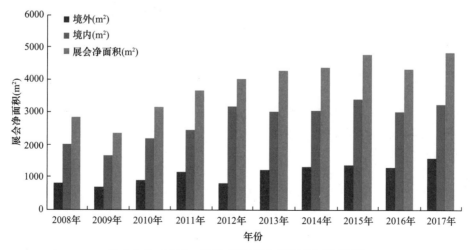

图 1.1-3　2008～2017 年历届中国制冷展净面积

3. 历届展会参展厂商数量

中国制冷展的成功举办离不开国内外参展厂商的积极参与和大力支持。自2010年起，每年制冷展均有千余家厂商参展，其中境外厂商占比为20%～30%（见表1.1-3和图1.1-4）。

2008～2017年历届展会参展厂商数量　　　　　表1.1-3

年份	2008	2009	2010	2011	2012	2013	2014	2015	2016	2017
参展厂商	972	859	1006	1068	1109	1146	1209	1132	1053	1217
境外厂商	243	204	238	251	229	231	271	290	215	378
境内厂商	729	655	768	817	880	915	938	842	838	839

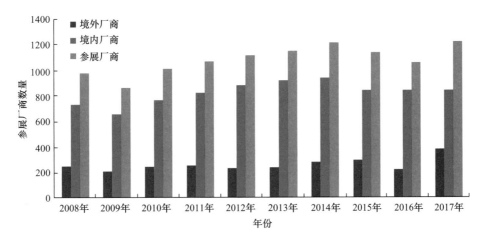

图1.1-4　2008～2017年历届展会参展厂商数量

4. 历届展会参观人数

随着观众组织模式的不断发展进步，信息化手段的广泛应用以及宣传渠道的扩展，越来越多的人开始关注并参观中国制冷展。2017年参观人数突破6万人，其中境外观众近万人，境内观众达5万人（见表1.1-4和图1.1-5）。

2008～2017年历届展会参观人数　　　　　表1.1-4

年份	2008	2009	2010	2011	2012	2013	2014	2015	2016	2017
参观总人数	38350	43752	46671	50842	45758	52683	53269	54102	50731	61077
境外观众	5971	5670	3463	3772	3511	7274	5431	5507	5082	9763
境内观众	32379	38082	43208	47070	42247	45409	47838	48595	45649	51314

5. 历届展会参展商国别

历届展会参展商国别数量维持在一个较为稳定的水平，约有30余个国家和地区的企业前来参展（见表1.1-5和图1.1-6）。

6. 历届展会观众国别

除境外展商外，境外观众也对中国制冷展表现出极大的热情，自2010年以来，每年有一百个多国家和地区的境外观众前来参观中国制冷展（见表1.1-6和图1.1-7）。

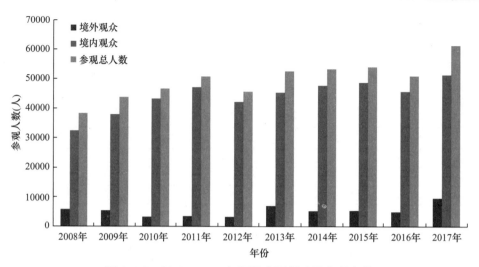

图 1. 1-5 2008～2017 年历届中国制冷展参观人数

2008～2017 年历届中国制冷展参展国别数量 表 1. 1-5

年份	2008	2009	2010	2011	2012	2013	2014	2015	2016	2017
参展国家和地区数量	31	33	33	33	31	30	33	33	33	33

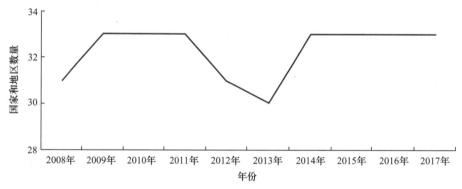

图 1. 1-6 2008～2017 年历届中国制冷展参展国别数量

2008～2017 年历届中国制冷展观众国别数量 表 1. 1-6

年份	2008	2009	2010	2011	2012	2013	2014	2015	2016	2017
观众国别数量	101	71	101	103	98	108	109	105	102	107

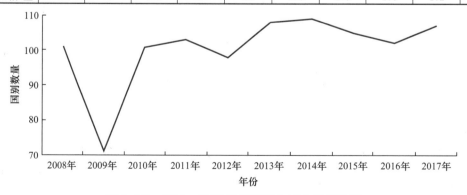

图 1. 1-7 2008～2017 年历届展会观众国别数量

1.2 展会组织模式的发展和进步

中国制冷展顺应制冷空调行业的变化，在合理控制成本的基础上，以弘扬制冷空调行业核心价值，打造国际化和多元化行业综合交流平台，全方位服务于展商和行业为己任，坚持"国际化、专业化、科技化、信息化、价值化、人性化"的办展宗旨，在组织模式上与时俱进、勇于创新，探索出了许多实用、有效的方式方法。

1. 推动"一带一路"，加强贸易合作

投资贸易合作是"一带一路"建设的重点内容。消除投资和贸易壁垒，构建区域内和各国良好的营商环境，积极同沿线国家和地区共同商建自由贸易区，激发释放合作潜力，做大做好合作"蛋糕"。中国制冷展发挥政府资源优势，通过积极推动"一带一路"建设，加强与沿线国家的沟通磋商，推动与沿线国家的务实合作，为展商带来更多投资机会。通过贸易合作，在尊重相关国家主权和安全关切的基础上，与沿线国家加强基础设施建设规划、技术标准体系的对接，邀请沿线国家行业组织参观展览，共同推进行业发展，带领展商走出低谷。深化与中亚、南亚、东南亚、西亚等国家行业组织交流合作，利用制冷展纵深广阔、人力资源丰富、产业基础较好的优势，推动区域互动合作和产业集聚发展。

2. 坚持开放合作，聚集全球行业优势资源

中国制冷展始终坚持"开放合作"的理念，以国际化、多元化的综合交流平台吸引国内外行业组织、参展商、媒体等优势资源的积极参与合作。

全球知名品牌荟萃中国制冷展。美国、韩国、印度和欧洲的国家展团年年亮相展会；全球制冷空调暖通行业的 30 多个专业组织机构的代表每年莅临展会；环境保护部环境保护对外合作中心与联合国环境规划署（UN Environment）以及中国制冷展组委会共同主办的年度规模最大的臭氧气候技术路演及圆桌会议成为中国制冷展的常客，除会议外还设立路演专区，集中展示全球制冷空调行业在制冷剂替代方面的最新技术进展与成就（见图 1.2-1）；根据国家政策导向，新增了冷链解决方案示范展区、热泵专区等，都取得了良好的效果（见图 1.2-2 和图 1.2-3）。尤其是 2017 年度的热泵专区，集中展示了热泵行业企业与热泵技术的应用产品、解决方案，同期组织了"热泵技术发展趋势与应用"、"热泵技术应用行业论"、"热泵技术在北方煤改电中的应用"三场报告会，以多种形式开展热泵推广活动，助力了国家"清洁能源供暖"政策的贯彻与执行。美国供热制冷空调工程师学

图 1.2-1 2017 年臭氧气候技术路演

图 1.2-2　中国制冷展冷链解决方案示范展区

图 1.2-3　中国制冷展热泵专区

会（ASHRAE）、欧洲空气处理及制冷设备制造商协会（EUROVENT）与欧洲能源环境合作协会（EPEE）都分别与中国制冷展组委会联合组织内容丰富的研讨会议。中国制冷展已成为全球 HVAC&R 行业新老朋友每年的欢聚场所。

3. 展会智能化、个性化定制

展商和观众想要在展会上实现最大化的宣传和观展效果，依托展会提供的智能化、个性化服务平台是最有效的手段，中国制冷展的专业性也体现于此。早在 2009 年，中国制冷展已经率先利用网络数据库管理系统进行展商的展位安排和观众分类精准化管理。经过十年的改进，管理系统日趋完善，并且在此基础上开发了手机 APP 软件客户端，让观众能够更准确地了解展会整体概况、展商情况、展位的分布情况、展品情况、现场会议及讲演人、参展路线以及同行观众好友的即时通信等（见图 1.2-4）。随着微信的出现，2012年中国制冷展便在微信公众平台建立公众号，使越来越多的展商和观众通过手机即时通信就能快速了解展会各项情况；并将网站功能移植到微信中，展会情况的查询更加方便快捷（见图 1.2-5）。"微邀请"手机预注册方式的提前开通，使专业观众只须用手机扫码即可完成提前注册。2016 年，随着网上支付的兴起，制冷展现场观众登记参观开始逐渐脱离纸质化，即使没有提前在线预注册，在现场也可以通过微信扫码注册参观展会，为观众提供了极大的便利。针对展商，中国制冷展也于 2012 年推出了会展管家系统，让展商使用手机 APP 就可以轻松了解观众信息以及其所关注的产品领域，管理自己的参展展品和人员情况，方便参展商进行展会管理。而根据每个展商的个体不同，展会还有针对性地为其提供个性化广告宣传方案，使其参展宣传效果最大化。

图 1.2-4 智会客户端　　　　图 1.2-5 中国制冷展微信订阅号

以上的智能化、个性化的定制是中国制冷展为展商和观众参展便利做出的努力改变。今后中国制冷展将更多地利用微信客户端完成服务，如在线报名、在线选展位、在线缴费、搭建商在线报馆、参观定位、展品定位、观众与展商手机互联等。中国制冷展也将继续走在会展行业前沿，更好地为展商和观众服务。

4. 全方位宣传报道，树立"中国制冷展"品牌形象

中国制冷展利用户外广告、《中国制冷展快讯》、展期新闻中心、境内外 60 多家专业媒体全程跟踪报道（见图 1.2-6 和图 1.2-7）。邀请展商参与特约报道，展示展商风采；组织不同层面的专访，制作展会专题片。此外，利用网络平台，开启网上"365 天中国制冷展"宣传展示活动，实现观众、展商与展会的"无缝对接"。建立了中国制冷展微信公众平台、新浪微博、制冷展电子快讯等系统，定期通过展商 E-mail、微信、微博、网站、制冷展电子快讯系统发布展会的筹备情况、展期活动内容、展商创新产品动态等制冷展信息。此外，还通过机场刷屏、公交站牌、灯杆路旗等多种方式进行展会宣传，扩大影响范围（见图 1.2-8 和图 1.2-9）。

图 1.2-6 中国制冷展快讯　　　　图 1.2-7 中国制冷展媒体支持

图 1.2-8 通过机场刷屏进行展会宣传 　　图 1.2-9 通过灯杆路旗进行展会宣传

5. 展期活动愈加丰富

在中国制冷展期间，除展览外还举办了丰富的展期活动：

（1）围绕国内外行业热点，举办丰富多彩的专题研讨会及技术交流会议

每年的中国制冷展前，组委会与专家委员会都会根据当年的时代背景以及国家政策走向，紧跟时代趋势，共议展会主题。展会期间，组委会举办主题论坛、专题研讨会，国内外展商及行业组织举办多场技术交流会、国际会议、标准会议等。围绕展会主题，结合国家政策及全球市场环境、行业相关的热点问题进行解读和研讨，聚焦产业发展方向、交流技术创新的最新发展动态。

（2）组织有效观众参观、高端观众组团参会，开展深度交流互动

中国制冷展组委会积极组织境外买家团、全国暖通空调领域建筑设计院总工观摩团、冷冻冷藏业总工观摩团和房地产总工观摩团等，与展商进行交流互动（见图 1.2-10 和图 1.2-11）。

图 1.2-10 2017 年全国设计院总工观摩团技术交流会

图 1.2-11　2017 年冷冻冷藏业总工观摩团技术研讨会

（3）开展"中国制冷展创新产品"评选活动

作为参展企业技术创新产品的展示窗口，"中国制冷展创新产品"评选活动已成为展会的特色活动之一。该项活动力求发现各领域最具新颖性和先进性的代表性产品，反映行业最新技术成果和发展方向，增进用户对制冷空调产品的了解（见图 1.2-12）。

图 1.2-12　2017 年中国制冷展创新产品发布仪式

6. 现场工作逐步完善

中国制冷展组委会将根据展会实际情况，限制企业参展面积，规定参展面积上限，限制各大型主机展商展出面积。在展览规模一定的情况下，保证中小企业参展面积。组委会逐步完善展台装修要求，提倡使用环保材料并弱化结构装修，逐渐引导参展商将展出重点转移到产品本身。组委会还建议展商合理分配资金，将展商的人力和物力的使用发挥到最佳状态。如果打算多次布置和安装展台，可以考虑使用一些轻便、可移动的，或标准化、可重复利用的展台，使用较轻的、便于运输的材料，降低成本。

另外，在现场工作细节上继续优化，陆续推出"展商服务一站式解决方案"、"解决问题时效性细化方案"等，为展商的现场服务提供更大的便利。

7. 重视知识产权保护

在众多改进之中，还有一点特别重要、并且越来越被社会各界重视——保护企业自主知识产权。在每年中国制冷展上，先进的制冷空调技术层出不穷，即使其中的小风扇，每年也会有很多技术创新确保其润滑能力、用最小的能源驱动最大风量产生。从 2011 年开始，中国制冷展便将知识产权保证书加入到展商所签合同中，并且在展会现场增加知识产权保护展台（见图 1.2-13）。一旦出现侵权行为，组委会将限制其继续参加展会，还中国制冷展一个"洁净天空"。

图 1.2-13　2018 年中国制冷展继续加强知识产权保护

8. 筹划调整展会举办地

中国制冷展在广大参展商和观众的参与和支持下，经过三十余年发展，已经成长为全球最大的制冷、暖通、空调行业专业展会。为更好地促进我国制冷、暖通、空调行业均衡发展，中国制冷展组委会已对全国 8 个城市的展馆进行初步调研，综合考虑城市发展特点、产业聚集情况、行业资源优势、展馆便捷程度、办展成本以及参展商意见反馈等因素，拟对中国制冷展举办地进行调整，为中国制冷展和谐、可持续发展调整战略。

总体来讲，2017～2018 年行业形势相对过去几年有所回暖，预计接下来 3～5 年也将保持相对平稳发展。中国制冷展组委会将利用一切资源，创新思维模式，引进先进经验，甚至调整展出城市，为展商和观众提供最好的平台，为我国制冷空调事业添砖加瓦。争取在下一个十年，与行业一起创造更加辉煌的明天。

第 2 章 技 术 进 展

纵观十年制冷展，各个领域均取得突出的进展。下面分别从制冷压缩机、工质、润滑油，工商业用中央空调冷（热）水机组及制冷配件，中小型空调设备与系统，空气处理机组与暖通空调自控系统，供热与热水设备与系统，冷链设备及制冷系统配件六个方面予以简要回顾。

2.1 制冷压缩机、工质、润滑油

2.1.1 技术发展特点

1. 压缩机发展特点

（1）新型替代制冷剂压缩机的涌现

为适应制冷剂的变化，不同制冷剂压缩机涌现出来，压缩机为适应替代制冷剂而在技术上进行了较大改进。2008～2010 年间，主要是 R134a、R600a、R404A、R407C 和 R410A 等 HFC 类制冷剂压缩机；2011 年以后，主要展出的是 R32、R290、R744、R1234ze、R1234yf 等低 GWP 制冷剂压缩机。

（2）适合寒冷气候区供暖用热泵压缩机

为打好蓝天保卫战，减少传统供暖、供热水方式对大气的污染，采用清洁电能的热泵装置在供暖、供热水方面的应用越来越普遍，特别是京津冀寒冷气候区"煤改清洁能源"工程的实施，促进了适合各种热泵装置使用的压缩机的发展，如带经济器补气口的压缩机（涡旋式、螺杆式、滚动活塞式），单机双级压缩机（滚动活塞式、螺杆式），变容积比的三缸二级滚动活塞式压缩机等。

（3）离心式压缩机技术

磁悬浮或气悬浮的无油离心压缩机品种也越来越多。无油离心压缩机，是一种利用磁场或气体，使转子悬浮于空中，在旋转时不会产生机械接触和机械摩擦，因此磁悬浮轴承不再需要机械轴承以及机械轴承所必需的润滑系统，具有运行效率高、维护费用低、启动电流小、超静音运行等优点。

（4）变频和变容量技术应用更加普及

压缩机变频、变容量调节，能更好地匹配制冷机组的负荷变化，有效提高机组的全工况运行效率和适应性。变频滚动活塞和涡旋压缩机已经广泛用于各类空调机组，目前变频技术正在扩大应用到活塞式、螺杆式及离心式压缩机上，冰箱用变频活塞压缩机产量也逐步扩大。随着变频技术的扩大应用，对数码涡旋等机械容量调节的机器呼声日渐变弱。

（5）新用途压缩机的不断开发

十年来多种新用途压缩机不断被开发出来，如用于微电子器件冷却的线性压缩机、直流驱动冰箱压缩机和新能源汽车用压缩机。

2. 制冷剂替代的变化

臭氧层破坏和全球变暖是当今人类社会共同面临的两大主要环境问题，为了应对这些问题，国际社会先后达成了《蒙特利尔议定书》等一系列国际公约。2010 年之前，为保护臭氧层，中国制冷空调行业按照《蒙特利尔议定书》的规定实施 HCFCs 的加速淘汰，因此 2010 年之前展出较多的制冷剂为替代 HCFC 的 HFC 制冷剂，如 R134a、R410A、R407C、R404A、R600a 等；2011 年后，为了应对全球变暖，欧盟发布了一系列法规限制 HFC 制冷剂的使用，我国也出台了《中国应对气候变化国家方案》，因此 2011 年后展出的制冷剂多为替代 HFC 的低 GWP 制冷剂，如 R32、R290、R744、R1234ze、R1234yf 等。

作为润滑油，冷冻机油一直在顺应制冷剂的变化，因此与替代制冷剂相适应的冷冻机油新产品也不断面市。

2.1.2 特色产品

1. 压缩机

（1）环保制冷剂压缩机

1）高效变频 R290 压缩机

恩布拉科整合行业领先的变频技术和丙烷压缩机技术，研发出高效变频 R290 压缩机新产品（见图 2.1-1）。它兼顾快速冷冻和节能运行，在设备负荷较高时，能够以近 500W 的制冷量运转，实现箱体内部快速降温；在温度稳定后，又可以用 200W 以下的制冷量稳定运行，确保产品静音、节能运行。由于采用了新型材料及结构，压缩机高度仅有 139mm，重量仅为 7kg。与同类压缩机相比，在体积不变的情况下，拥有更宽范围的制冷量以及更低的耗电量，并且采用新型接线盒，通过在材料上的改进，能够适应高温、低温、高压的应用条件，延长了压缩机在恶劣工况下的使用寿命。

2）二氧化碳双转子压缩机

松下二氧化碳双转子压缩机是针对超市陈列柜和热泵热水器开发出的新型压缩机（见图 2.1-2）。单个电机带动两个压缩缸，但两个压缩缸具有两套独立的吸气口和排气口。采用直流变频，相比同功率的活塞压缩机，具有体积小、重量轻等优势。一25～43℃运行环境下，出水温度达到 55～95℃，制热 COP 达到 4.5。

图 2.1-1　恩布拉科高效变频 R290 压缩机　　图 2.1-2　松下（大连）双转子压缩机

3）R32 变频压缩机

上海海立公司展出的 R32 变频压缩机（见图 2.1-3），是一款空调器用变频滚动活塞压缩机，针对 R32 制冷剂开发出专用冷冻机油和高效电机，采用耐高温绝缘材料，通过优化压缩机结构，同时确定合适的湿压缩工况，有效地降低了排气温度、提高了压缩机效率和运行可靠性。

图 2.1-3　上海海立 R32 变频压缩机

（2）磁悬浮与气悬浮压缩机

1）磁悬浮压缩机

丹佛斯 Turbocor 磁悬浮压缩机以磁悬浮轴承代替传统油润滑轴承，使冷水机组实现了 100% 的无油运行，避免了机组运行过程中的能效降低，使机组始终保持高效运行（见图 2.1-4）。在冷凝温度和/或热负荷变化时，通过变频控制调节电机和叶轮转速，将冷量大小调至与实际需求相匹配，从而节省能源损耗，同时提高机组在低负荷运行时的稳定性，保证机组即使在低至 10%

图 2.1-4　磁悬浮无油变频压缩机

的极低负荷工况下也能平稳运行，弥补了一般制冷机组在低负荷运行下的不足。其能源消耗节省最高达 50%，体积仅为普通螺杆压缩机的 50%，噪声等级低至 72dB（A）。自丹佛斯推出全球第一台磁悬浮无油压缩机后，LG、格瑞德、海尔、美的等企业也纷纷推出磁悬浮离心压缩机组产品，并在缩小体积、提高制冷能效比、变频调节上开拓、发展。

2）气悬浮压缩机

LG 气悬浮压缩机（见图 2.1-5），是一款高效节能、稳定可靠的亲环境型离心式冷水机组，采用了 LG 自主研发的变频离心压缩机，单压缩机制冷量达到了 1100RT，创造了行业之最。同时，在产品技术和性能上均处于领先水平，*COP* 值达 7.0，采用无油润滑系统，噪声低至 68dB。

图 2.1-5 LG 气悬浮压缩机

（3）带中间排气阀的涡旋压缩机

图 2.1-6 DSH 涡旋压缩机

丹佛斯生产的系列涡旋压缩机采用了中间排气阀（IDV）技术，可有效避免压缩机的过压缩损失，从而减少了能量消耗；同时扩大其运行范围，提高了压缩机的抗液击能力，还使用一项能使压缩机在并联应用中可以更好地回油的专利技术"油平衡管"（见图 2.1-6）。其容量范围为 7.5～40RT，主要用于屋顶空调机组和冷水机组。

（4）三缸双级变频变容压缩机

三缸双级变容积比压缩机是格力自主研发的国际首创的双级增焓产品（见图 2.1-7），该压缩机首次在单台压缩机上实现了可变容积比的双级压缩，根据工况调整容积比，使压缩机在各工况下效率最大化。搭载该压缩机的空气源热泵可实现－35～54℃温度范围稳定运行，在室外环境温度低至－25℃时热泵制热量仍不衰减，彻底取消了其他辅助加热手段。该压缩机及其系列化产品可广泛应用于家用空调、商用空调、热泵热水器及供暖机产品中。

图 2.1-7 格力研发的三缸双级变频变容压缩机

（5）冰箱压缩机

1）冰箱用变频压缩机

思科普 XV 生产的变频压缩机（见图 2.1-8），是一款高效、低噪、体积小的冰箱用变频压缩机，自带控制器，压缩机转速范围为 $1000\sim4000r/min$；体积仅为 3.1L，重量为 4.8kg，有效降低了原材料用量；高度为 100mm，占用空间明显减少，提高了冰箱容积的利用率。与目前同类的主流压缩机相比，其能效比提高了 40%，噪声降低至 32dB。

2）无油线性压缩机

恩布拉科生产的无油线性智驱压缩机（见图 2.1-9），适用于 $50\sim260V$ 的宽电压范围，能效可达 2.34；压缩机高度仅有 106mm，重量仅为 4kg；制冷量范围为 $40\sim245W$；适用于 R134a 和 R600a 环保制冷剂。

图 2.1-8　思科普 XV 变频压缩机　　图 2.1-9　恩布拉克线性无油智驱压缩机

（6）微型压缩机

空调降温用途的微型压缩机主要以滚动活塞压缩机和线性压缩机为主，用于单体空调、微电子散热等，$12\sim48V$ 电源驱动，这为太阳能光伏冰箱和车载冰箱的推广应用提供了条件（见图 2.1-10）。

图 2.1-10　西安庆安微型压缩机

（7）电动车空调用电动涡旋压缩机

海立新能源车用电动涡旋压缩机（见图 2.1-11），采用涡旋流体压缩机械，永磁同步电机、360°变频控制，柔性涡旋变频制冷技术，运转平稳，噪声、振动小，适用于混合动力、纯电动、燃料电池车型。

图 2.1-11　车用电动涡旋压缩机

（8）水蒸气压缩机

烟台冰轮水蒸气压缩机主要应用在产生水蒸气及水蒸气的增压输送上，设计压力 1.2MPa，理论排量 $600\sim1485m^3/h$。采用全不锈钢设计，多级密封组合，排气无油，高精度齿轮，稳定高效，流量无级调节，输送压力可调（见图 2.1-12）。

图 2.1-12　水蒸气压缩机

2. 制冷剂

制冷剂的发展经历了 4 个阶段，由于选择标准的不同，每个阶段的制冷剂选择也有较大差别，制冷剂发展时间轴如图 2.1-13 所示。近十年，零 ODP、低 GWP 的环保制冷剂产业发展迅速，具有代表性的制冷剂有：R32、R290、R744、R1234yf 和 R1234ze。

（1）R32

R32 无色无味，ODP＝0，GWP＝675，可燃性等级为 A2L，热力性能与 R410A 相似，在相同制冷量的空调器中，其 EER 和 COP 与 R410A 接近相同，且目前已大量生产，成本较低，是目前在空调器中较为理想的替换 R410A 和 R22 的制冷剂。

图 2.1-13 制冷剂发展时间轴

（2）R290（丙烷）

R290 是一种新型环保制冷剂，主要用于中央空调、热泵空调、家用空调和其他小型制冷设备。R290 具有优良的热力性能，价格低廉，而且 R290 与普通润滑油和机械结构材料具有兼容性，ODP＝0，GWP 很小，不需要合成，不改变自然界碳氢化合物的含量，对温室效应没有直接影响。丙烷的主要物理性质与 R22 极其相近，可采用 R22 系统，不需要对原机和生产线进行改造，直接灌装丙烷即可，属于直接替代物。考虑到 CFC 替代费用，丙烷特别适合于发展中国家。目前在德国，R290 已用于家用热泵热水器和空调系统。

（3）R744（二氧化碳）

二氧化碳用作制冷剂的代号为 R744，早在 19 世纪后期至 20 世纪 30 年代，其曾广泛用于安全性要求高的船只和公共建筑（如车站）制冷系统中，1930 年以后被合成工质替代。随着全球范围内环境保护要求的日趋严格和迫切，由于 R744 具有优异的环境友好型（臭氧消耗潜能指数 ODP＝0，100 年 GWP＝1）的特点，从 20 世纪 80 年代末开始又重新得到启用。除绿色环保特性之外，R744 还具有安全、物理化学稳定性好、容易获取、价格低廉、流动传热特性优良、节省空间等诸多优点。

（4）R1234yf 与 R1234ze

两种分子结构相似的氢氟醚类物质 R1234yf 和 R1234ze 由于 ODP＝0、GWP＝1，在汽车、超市制冷等应用场合受到广泛关注，其寿命周期气候性能（LCCP）低于 R134a，大气分解物与 R134a 相同，而且其系统性能优于 R134a，被认为是 R134a 的替代制冷剂。

3. 润滑油

润滑油方面，除了传统的润滑油之外，新型润滑油随着新型制冷剂应运而生，如瑞孚化工（上海）有限公司的 ZEROL® HD 系列适用于 HFO1234yf，ZEROL® HYBRID ES68 是专门为电动汽车研发的高品质压缩机润滑油，采用优质的多元醇酯基础油和精选的添加剂复合而成，ZEROL® RFL-EP 系列是专门为 CO_2 制冷系统研制的润滑油等。

除了主要冷冻油生产商的品牌外，部分压缩机生产商也推出自己产品配用的专用冷冻油产品。

2.1.3　未来展望

在制冷剂方面，随着新一轮制冷剂替代的深入，R22、R410A、R134a 和 R404A 等制冷剂压缩机及相关设备的产量会逐渐萎缩，而 R32、R744、R290、R717 和 R1234yf 等零ODP、低 GWP 制冷剂将会持续增长，混合工质也将有进一步的发展。

当前，节能与环境保护越来越受到人们的重视。未来压缩机必然朝着高效、环保、宽工况及低成本的方向发展。压缩机的发展趋势归纳为以下几点：

（1）形式多样化

活塞式、螺杆式、涡旋式和离心式等主要压缩机形式，在冷藏链、商用空调、工业制冷等应用领域均有相应的制冷压缩机产品。在形式趋于多样化的同时，各种工商用制冷压缩机不断扩大容量和运行范围，使其传统领地出现了交错重叠，相同容量范围可选用不同形式的压缩机。

（2）领地专门化

尽管压缩机形式多样，应用范围出现了重叠，但是在某些特定应用场合，主导机种的垄断性在加强。

（3）工质自然化

只有自然工质才能够很好地满足零臭氧耗散潜能（ODP）和低 GWP 的环保要求，尽管它们的物性存在这样或者那样的不足，但自然工质压缩机的应用一直在持续增长。

（4）调节连续化

近年来，压缩机逐步采用连续性的调节方式，如螺杆压缩机滑阀和数码涡旋压缩机都能实现 10%～100%范围内能量的连续调节。更值得说明是连续调节特性更优的变频驱动调节，目前所有机种均有变频的机型，压缩机变频驱动的趋势非常明显。

（5）工况扩大化

各种压缩机都在持续地扩大其运行工况，使单个压缩机构成的制冷（热泵）系统能在更高的冷凝温度或更低的蒸发温度下工作，以达到传统二级压缩或复叠系统才能达到的温度范围。

（6）功能热泵化

近年来，随着空气源热泵热水器和地源热泵机组在中国市场走俏，各大生产商争相研发和生产以制热功能为主的热泵压缩机，产量一直在持续增长。随着北方清洁空气行动的加快，以及长江中下游等南方地区供暖的呼声越来越高，替代北方冬季传统燃煤供暖的热泵机组和适合南方供暖需求的热泵机组的市场容量将会急速增长，这会进一步扩大热泵压缩机的品种和产量。

尽管上述变化特征十分明显，但与 20 世纪后 30 年以滚动活塞压缩机、涡旋压缩机大规模应用为代表的压缩机旋转化趋势相比，都是改良而非革命性的变革。但是随着出台的节能减排和环境保护法规越来越严厉，压缩机变革的呼声越来越高，变革的力量正在聚集。压缩机的变革如何破局，一方面是机构上的突破；另一方面是压缩原理上的突破。期待着压缩机同行们通过不懈努力，持续推动着压缩机技术和产品的快速进步。

2.2 工商业用中央空调冷（热）水机组及制冷配件

2.2.1 技术发展特点

工商业用中央空调冷（热）水机组一直是制冷展的重要组成部分，国内外参展商借助中国制冷展这一国际平台，不仅展示了对工商业空调用冷（热）水机组的新革新、新技术和新创意，更突出了当前制冷空调领域的节能、低碳和环保的理念。十年间，各种新技术、新产品紧扣社会经济发展趋势在制冷展舞台上登台亮相，记录了整个行业的发展进程，也代表了行业发展的趋势。

2012 年以前，螺杆式冷（热）水机组与离心式机组的展出规模平分秋色，螺杆式冷（热）水机组甚至略胜一筹。随着磁悬浮技术的成熟，其技术优势越来越明显，离心式冷水机组的发展速度和展出规模逐渐超越螺杆机组。离心式冷（热）水机组发展历程如图 2.2-1 所示。螺杆式冷（热）水机组的展出规模在逐渐减少，这也正说明了其技术成熟度越来越高，变频直驱、降膜蒸发等新技术在螺杆式冷（热）水机组中已经日趋成熟。吸收式机组参展规模一直不稳定，这与市场需要紧密相关。一方面，通过技术革新，降低发生温度和提高机组效率；另一方面，吸收式热泵发展迅速，满足不同场景的低品位能源利用。涡旋式冷（热）水机组的发展往技术差异化方向发展，例如低温制热、低温冷冻、制取高温热水等。

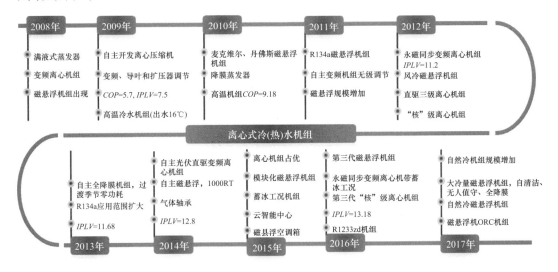

图 2.2-1 离心式冷（热）水机组发展历程

标志性的技术主要包括变频技术的普及、环保制冷剂的广泛应用、磁悬浮冷（热）水机组逐渐成熟、降膜式蒸发器普遍应用、新型机组出现并发展。

变频技术是机组能量调节的主要技术手段。从涡旋压缩机、螺杆压缩机逐渐普及到离心压缩机。变频直驱技术在离心压缩机上也被采用，成为一个技术发展方向。

环保制冷剂的替代被国内外企业广泛关注并积极应对，采用了不同的技术路线。离心式冷（热）水机组主要有三种技术方案，R134a 被广泛应用，而烟台荏原采用了 R245fa

负压制冷剂，开利采用了 R1233zd 制冷剂。在风冷涡旋机组中，R410a 制冷剂被广泛应用，从 2013 年、2014 年开始，越来越多的厂家也推出了采用新型环保制冷剂 R32 的机组。此外，天然工质 CO_2 和 NH_3 也越来越被重视，近几年每年都会有采用其为工质的机组展出。

磁悬浮技术的应用可以实现制冷系统的无油运行，降低系统复杂程度，提高系统换热器效率，同时大幅降低高转速压缩机的轴承摩擦损失，提高压缩机整体寿命，降低噪声。从 2008 年开始，应用磁悬浮离心式冷（热）水机组的规模持续增加，先后出现了风冷机组、模块化机组、应用于地下空间的空调箱以及自然冷却机组。最早由丹佛斯和麦克维尔掌握核心技术。国内厂家走了两条技术路线：一是以格力为代表，自主开发磁悬浮压缩机及机组；二是以海尔为代表的，利用自身优势集成商业化压缩机，从系统角度完成二次开发。

冷水机组采用降膜式蒸发器具有换热系数高、制冷剂充注量少、回油容易等优点，近几年降膜技术逐渐成熟，由螺杆式机组逐渐向离心式机组普及，到 2014 年，降膜技术在离心式冷水机组上普遍应用。

低品位余热发电机组从 2015 年首次展出以来，展出规模逐渐增加，而且自主品牌在起始阶段，利用在冷水机组方面的技术积累，开发了更适应市场需求的产品，发电功率涵盖了 kW 级到百 kW 级的范围。

随着国内"互联网＋"产业的飞速发展，数据中心建设规模不断增加，过渡季节利用自然冷能实现制冷的技术也越来越受到重视。早期，有零星产品展出，到 2017 年展出规模创新高，涵盖了离心机、螺杆机和涡旋机。

2.2.2　特色产品

借助制冷展的平台，各个厂家每年都会展出独具技术特色的产品，每年的技术进展对此都进行了记录，对部分技术特征明显的产品分类整理如下：

1. 磁悬浮机组迭代更新向多元化发展

十年间，磁悬浮机组从亮相展会到成为工商业用冷（热）水机组的主角，其发展历程如图 2.2-2 所示。麦克维尔先后展出了三代磁悬浮压缩机，2016 年展出机组的 IPLV 达到 12.3，比 2012 年的第二代机组提高了 11.8%。格力坚持整机自主研发之路，开发具有自主知识产权的磁悬浮离心压缩机及机组：2009 年第一次展出磁悬浮机组；2014 年格力展出了自主开发的磁悬浮离心机组，单机头冷量达到 1000RT，机组 COP 达到 7.1，IPLV 达到 12.06；2017 年，展出了自主开发的磁悬浮离心压缩机，电机效率达到 96% 以上，超过国家一级节能水平。海尔利用其全球研发平台，在系统集成及智能控制方向持续发力：2010 年，展出了采用 R134a 制冷剂的磁悬浮离心机；2012 年，展出了风冷磁悬浮机组，集成变频控制，无油润滑等先进技术，配合满液式蒸发器、经济器等设计，满负荷能效比 COP 达到 3.48，超过国家一级能效比，可实现 10%～100% 的宽负荷范围容量调节；2016 年，展出了名义制冷量为 2210RT 的全降膜大冷量磁悬浮离心式冷水机组，其 IPLV 高达 13.18，并集成了具有新内涵的磁悬浮云智能中心，实现机组数据实时采集、大数据管理、远程监控、大数据专业分析、能耗分析以及机组温度设定；2017 年展出了冷量高达 4200RT 的 6 机头并联的磁悬浮冷水机组，机组集成了无人操控、全降膜蒸发器、自清洁技术。无人操控磁悬浮机组具备自运行、自节能、自清洗等特点，并能通过远程监控、手机监控等方式，监控机组运行状态。

如图 2.2-2 所示，磁悬浮冷水机组先后出现了风冷机组、模块化机组、空调箱机组、自然冷机组，根据市场需求，向多元化方向发展。而且通过系统集成，多机头并联技术突破了磁悬浮机组单机头冷量小的限制，其冷量范围向下涵盖了部分螺杆机组冷量，必将占据更广阔的市场空间。

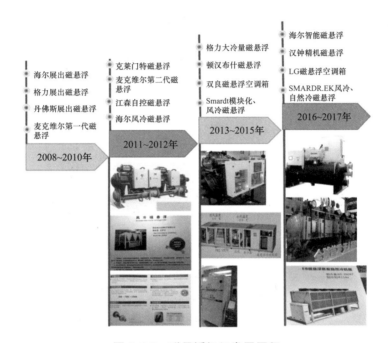

图 2.2-2 磁悬浮机组发展历程

2. 自主品牌稳扎稳打突破进取

格力、美的、海尔作为自主品牌的代表性企业，十年来或坚持自主开发，或坚持全球资源整合，在制冷展展出了一系列引领技术发展方向的代表性产品。

格力近十年坚持自主创新之路，开发了高速永磁同步变频离心式大功率冷水机组，经过技术不断升级，实现了光伏直驱（2014 年）、制冷蓄冰双工况（2016 年）、单机冷量达到 1500RT（2017 年）；并开发了自主磁悬浮机组，单机头冷量达到 1000RT（2014 年）；开发生产了系列化的螺杆压缩机（2015 年）。2014 年，格力展出了光伏直驱变频离心冷水机组（见图 2.2-3），将太阳能光伏技术与格力永磁同步变频离心冷水机组结合，拥有100% 自主知识产权。该机组集成了动态负载 MPPT 控制技术、PAWM 交错控制技术，光伏系统采用并网市电互补策略。格力还展出了最新自主开发的磁悬浮离心机组，单机头冷量达到 1000RT。

美的近十年在离心式冷水机组上不断探索创新，先后开发了降膜式蒸发器、气体轴承、双机头串并联切换设计、过渡季节零功耗自循环、补气增焓以及制冷蓄冰双工况等技术。2015 年，美的展出了利用双压缩机自由切换技术的离心式冷（热）水机组（图 2.2-4），独具特色，控制器可以选择两台压缩机并联或串联运行模式，从而扩展了机组的运行范围。此外，机组还集成了降膜、变频直驱，双叶轮对称布置等特点。

图 2.2-3　2014 年格力光伏直驱变频离心式机组

图 2.2-4　2015 年美的展出的双压缩机自由切换离心式机组

海尔围绕磁悬浮离心压缩机，先后集成了降膜蒸发器、远程数据中心、无人操控、自清洁技术，并通过智能控制实现了 8 机头并联，突破了磁悬浮单机头冷量小的限制。2017年展出了无人操控冷量高达 4200RT 的 6 机头并联的磁悬浮冷水机组（图 2.2-5）。无人操控磁悬浮机组可通过远程监控、手机监控等方式，监控机组运行状态，可根据环境与负荷变化，自动调整运行状态，实现节能运行。

图 2.2-5　海尔 Driverless 无人操控节能运营磁悬浮机组

3. 特色产品层出不穷，匠心独具

每年制冷展都会涌现出比较有特色的产品，代表着不同企业对市场的理解。深圳市勤达富流体机电设备有限公司专注于管壳式换热器胶球在线清洁技术的开发。从 2012 年起不断对技术迭代更新，先后推出了端盖机（见图 2.2-6）、管道机，满足不同的市场需求。到 2017 年被海尔采用并直接集成在其最新产品中，这是"匠心"的直接体现。

图 2.2-6 2015 年展出的具有在线清洗功能的管壳式换热器前端封头管箱

低温余热发电机组（ORC）从 2015 年制冷展上首次展出，到 2017 年有国内外多家企业展出，并体现了不同技术路线。捷丰利用其在磁悬浮技术上的优势，采用磁悬浮透平膨胀机，以 R245fa 为工质，发电功率涵盖 60～1260kW，机组适用于多种热源，最低热源温度低至 85℃，其机组在国内外已经有工程应用（见图 2.2-7）。

图 2.2-7 捷丰磁悬浮低温余热发电机组

4. 小配件大舞台

制冷配件是制冷展最有活力的部分，近年各种制冷配件和阀门不断升级迭代，以满足市场需要。主要标志性的技术有：铝带铜技术的成熟及普及、微通道换热器技术、个性化特色化阀门技术等。

2014 年展出了变间距翅片换热器（见图 2.2-8），并已开始应用于空气源热泵产品。

美的、德州亚太、顿汉布什等公司展出了变间距翅片管换热器,使宽间距翅片接触含湿量较高的迎风气流,积淀较厚结霜量而不减小气流通道面积,从而降低了气流阻力,达到节能目的,同时结霜量少的翅片间距较小部分可以强化换热效果。浙江盾安、德州亚太、杭州三花等企业展出了适用于热泵供暖系统的微通道换热器(见图 2.2-9)。换热器以铝材制成,重量轻、单位比表面积大、换热效率高。换热器单位换热量重量比常规翅片管式换热器降低 60%左右,体积减小了 50%以上,风机功率和制冷剂充注量减少了约 50%。其中,浙江盾安设计了最大的 2m×6m 微通道换热器,但尚未实现商业应用。

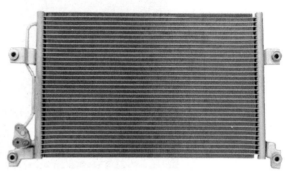

图 2.2-8 空气源热泵系统变间距翅片换热器　　　　图 2.2-9 微通道换热器

盾安作为国内阀件行业的龙头企业,每年也会展出其自主开发的阀件产品。2015 年展出了 MEMS 伺服阀流体智控系统,其包括 MEMS 伺服阀、过热度传感控制器以及应用软件等。MEM 伺服阀将 MEMS 技术应用于大流量流体控制领域,采用微加工工艺,在硅片上加工出具有微执行器结构的微阀,基于材料的电—热驱动及杠杆原理,利用先导微阀来控制大流量主阀。2017 年展出了一款多功能组合阀——节流截止阀,其可代替家用空调器的节流元件、通断阀件和过滤器件,减少了管路焊点,降低了成本。

2.2.3 未来展望

工商业用冷(热)水机组最能代表企业的技术实力和水平,代表了整个行业的发展方向,也从一个侧面反映了整个社会的经济发展态势与市场需求。随着"中国制造 2025"国家战略的提出,越来越多的企业从追求高性能,逐渐放慢速度,向精细化、个性化、智能化、绿色化发展,产品的"匠心"越来越重,对市场的分析、对产品的打磨、对技术细节的追求、对用户体验越来越重视,差异化的产品越来越多,代表企业核心价值观的产品越来越多。特别是自主品牌,逐渐从跟跑者向领跑者过渡,既能掌握大的技术发展趋势,又有准确的精品定位,根据市场需要积极应对。

从技术层面看,大数据、互联网+、机器人、人工智能等一系列新技术的发展会推动和激发制冷空调行业的发展和革命,从智能制造,智能管理,到大数据产品设计、开发、生产、运维,将成为行业发展的趋势和风口。而制冷剂替代、节能减排是永恒的主题。

2.3 中小型空调设备与系统

中小型空调设备主要是指服务于住宅和轻型工商业建筑的空调设备,主要包含空调器、多联机和单元式空调机组（包括管道式空调机组、屋顶式空调机组、柜式空调机组等）、风冷式冷热水机组四大类。

2.3.1 技术发展特点

2008～2017 年是中国经济快速发展的十年。城镇居民的人均可支配收入由 2008 年的 16000 元增长到了 2017 年的接近 35000 元，农村居民的收入也由 4700 元增长到了约 13000 元。在此背景下，我国家用空调年内销量由 2008 年的 3000 万台增长到了 2017 年超过 8200 万台。此外，家用空调的出口量也稳步提升，2017 年预计将接近 5300 万台。我国空调器的生产量已占到全球总产量的 75% 以上，成为名副其实的生产大国。

巨大的需求和生产推动了我国中小型空调设备技术的快速进步。十年前，中小型空调设备的较多技术制高点还掌握在国外企业的手中，因此，制冷展上的国际品牌的展台前往往人头攒动，其中包括客户、学生，也包括同业学习者。国内品牌还较多处于技术跟随和模仿阶段。十年后的今天，我国众多的中小型空调设备生产企业不但已经掌握了先进的制冷空调技术，同时部分企业已经开始引领空调设备的技术发展趋势。这一点可以从近几年制冷展"创新产品"评选中国内企业的获奖产品越来越多得以直接体现。

空调设备标准的制定和修订极大地推动了我国中小型空调设备能效的提升。法规、税收和标准是引导科技发展方向最重要的工具。《房间空气调节器能效限定值及能效等级》GB 12021.3—2010、《转速可控型房间空气调节器能效限定值及能效》GB 21455—2008/2013、《多联式空调（热泵）机组能效限定值及能效等级》GB 21454—2008 等能效标准的制定和修订推动我国中小型空调设备的热力学能效逐年上升。近年来，制冷展展出的相当数量的空调设备的能效已达到一级能效，部分甚至大幅超越一级要求（见表 2.3-1）。

中小型空调设备能效等级 表 2.3-1

类型		名义制冷量（CC）（W）	能效等级（现行/替代）					备注
			1	2	3	4	5	
房间空调分体机（定速）		$CC\leqslant4500$	3.60/3.40	3.40/3.20	3.20/3.00	—/2.80	—/2.60	GB 12021.3—2010/2004，EER
		$4500<CC\leqslant7100$	3.50/3.30	3.30/3.10	3.10/2.90	—/2.70	—/2.50	
		$7100<CC\leqslant14000$	3.40/3.20	3.20/3.00	3.00/2.80	—/2.60	—/2.40	
房间空调分体机（变速）		$CC\leqslant4500$	5.40/5.20	5.00/4.50	4.30/3.90			GB 21455—2013/2008，SEER
		$4500<CC\leqslant7100$	5.10/4.70	4.40/4.10	3.90/3.60			
		$7100<CC\leqslant14000$	4.70/4.20	4.00/3.70	3.50/3.30			
单元空调	风冷	不接风管	3.20	3.00	2.80	2.60	2.40	GB 19576—2004，EER
		接风管	2.90	2.70	2.50	2.30	2.10	
	水冷	不接风管	3.60	3.40	3.20	3.00	2.80	
		接风管	3.30	3.10	2.90	2.70	2.50	
多联机		$CC\leqslant28000$	3.60	3.40	3.20	3.00	2.80	GB 21454—2008，IPLV（C）
		$28000<CC\leqslant84000$	3.55	3.35	3.15	2.95	2.75	
		$84000<CC$	3.50	3.30	3.10	2.90	2.70	

制冷剂替代及消减压力推动环保工质空调技术发展。HCFC 的替代和 HFC 的消减给空调研发和生产企业带来巨大压力。从制冷展的替代工质的路演来看，各企业均已不同程度地开展了环保工质的替代研发工作，部分企业已完成了多个型号空调的研发和生产线改造。

2.3.2 特色产品

1. 家用空调器

家用空调器是中小容量空调设备数量最大的分支。经过近十年的市场竞争，包括格力、美的、海尔在内的家用空调前 5 大生产企业的市场占有率已经超过 75%。激烈的市场竞争同时推动了家用空调技术的迅速发展。

家用空调变频技术快速发展。出于快速制冷/制热的考虑，家用空调的制冷/制热能力较房间的稳定冷热需求要大得多。早期使用定频空调时，采用启动方式控制室内温度，一方面导致室温温度波动，影响人的舒适感；另外一方面频繁启停导致启停损失大，空调器能效低。而通过压缩机转速的调整，可以满足空调器启动阶段大冷量/热量输出的要求，同时可在稳定运行阶段降低压缩机转速以保持连续运行，提高室内热舒适，同时充分利用换热器面积、降低启停损失，实现高能效运行。国内的家用空调器生产企业在近十年完整经历了从定频、交流变频、直流调速的技术研发过程。当前，家用空调超过 50% 已经采用了变频技术。在 2008~2017 年的制冷展中，"无稀土直流变频压缩机"、"1Hz 变频空调" 和 "全直流变频空调" 等都是展会的亮点（见图 2.3-1 和图 2.3-2）。

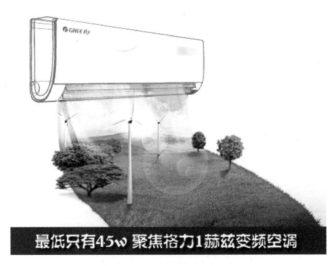

图 2.3-1 "1Hz 变频空调"

家用空调器制热性能提升明显。十年前，虽然市场上销售的热泵型空调器已经占有较大比例，即兼具制冷和制热两种功能，但无论是从标准制定还是企业设计，均未将制热性能做重点考虑，制热功能相对于制冷功能算是 "附属功能"。但近些年随着人民生活水平的提高，无论是南方还是北方对于冬季供暖需求提升明显，因此对于空调器的制热能力提出了更高的要求。保证低温制热量和能效、降低除霜影响成为产品技术提升的重要内容。因此，各个空调器生产厂家针对性地开发出了具有强制热能力的家用空调器，"双级压缩"、"补气"、"蓄热除霜"、"不停机除霜" 等技术得以深入研究和广泛应用（见图 2.3-3 和图 2.3-4）。

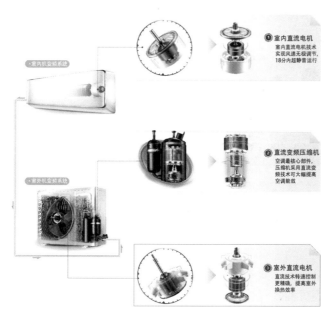

图 2.3-2 美的"全直流变频空调"

图 2-3-3 格力低温热泵空调系列　　　　图 2.3-4 松下蓄热除霜空调

　　室内机舒适送风技术不断发展。房间空调器的服务对象是人，因此提升人在空调环境的舒适感是空调设备的最重要目标。针对夏季空调送风温度过低和冬季送风温度过高导致的不舒适感，海尔等发展出了射流型室内机送风口，使送风在到达人员所在区域之前先充分与室内空气混合，提升送风舒适度（见图 2.3-5 和图 2.3-6）。此外，为避免机械风导致的不舒适感，仿自然风技术也在室内机上得以应用。另外，也有厂家推出了双向出风的落地式家用空调室内机末端，用于解决冬季制热模式下的室内温度分层问题。

　　此外，近十年来家用空调器整体也呈现出向细分市场的发展趋势。譬如：面向儿童房间的儿童空调器，面向厨房油烟环境的厨房空调，面向南方地区常年除湿需求的除湿空调等。

2. 多联机

　　多联式空调机 20 世纪 80 年代开始在日本发展，2008～2017 年是中国多联机快速发展的十年。在这十年中，多联机的市场占有额一路飙升，不仅挤占了中央空调的一分部市场，也在多房间住宅中具有了一席之地。就技术而言，日本企业（包括大金等），在多联

图 2.3-5　海尔射流型室内机　　　　　　图 2.3-6　海尔自然风室内机

机领域具有先发优势，因此持续引领多联机技术的发展。我国的众多空调器生产企业经过长期的积累，当前技术达到了较高的技术水平。与普通房间空调器相同，变频技术和制热强化技术也在多联式空调中得以广泛研究和应用，本节将不再回顾这两项技术的发展。需要说明的是，多联机由于需要在更大范围调节容量，因此一般必须使用压缩机变频技术，因此采用纯定频压缩机的多联机很快就退出了市场。

（1）多联机热回收技术不断发展。多联机热回收技术包括两个分支：一方面，对于具有多个室内末端的多联机，室内机在同一时间的冷热需求可能不一致，由此要求多联机具有同时制冷和制热的能力，这称为多联机的热回收模式。在近年的展会上，大金、格力、美的等企业均有三管制多联机展出。三菱电机等则展出了二管制多联机系统。另一类多联机热回收是指将冷凝热用于生活热水制备等热需求，由此构成"能源中心"（见图 2.3-7）。热回收实现了对冷凝排热的回用，因此提高了多联机的能效水平。

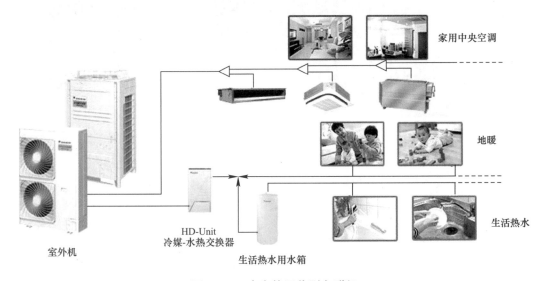

图 2.3-7　大金热回收型多联机

（2）家用多联机快速应用。商用多联机在日本、中国、欧洲等地得到了快速发展。与常规商用多联机相比，家用多联机的末端一般未超过 5 个，末端形式多样（客厅、卧室和书房等不同空间需要的末端形式可能不同），并且要求设备安装更为简便（最好和普通空调一样），价格更低。基于此，不同厂家发展出不同形式的家用多联机，包括海尔的 Supper Match、格力的 Free X 等（见图 2.3-8 和图 2.3-9）。

图 2.3-8　海尔 Supper Match
　　　　　家用多联机

图 2.3-9　格力 Free X 家用多联机

（3）温湿分控型多联机系统初步发展。家用空调常规采用冷冻除湿，即将室内循环风的温度降低到露点以下使其凝露，从而实现除湿。但一方面这一除湿方式要求蒸发温度较低，因此能效水平较低，同时对于有些仅需要除湿的地区可能导致室内温度过低，舒适度下降。因此，借鉴中央空调的温湿度独立控制技术，温室分控型多联机得以发展。高温显热多联机＋固体吸附除湿新风机组是较为成功的温湿度分控多联机形式之一（见图 2.3-10）。

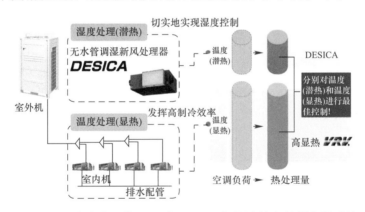

图 2.3-10　大金高显热 VRV＋DESICA 温湿度独立控制空调系统

3. 数据机房用空调机组

数据机房（含电信基站）能耗已成为国家总能耗的重要组成部分，并随着 IT 科技的快速发展将迅速增长。由于基站机房基本需要全年供冷，因此数据机房空调机组技术与普通空调器的技术有显著差别。统计数据表明，我国 IDC 机房的 PUE 仅为 2.27，与发达国家规定的 1.60 存在很大的差距。近 5 年，国内空调行业看准了这个方向，在冷却空调设备方面开展了很多工作：

（1）世图兹、美的、格力、天鹅等企业，全方位地展出了 IDC 信息机房的恒温恒湿控制设备（各种高效的制冷设备）、合理配置气流组织（冷热通道设计）、降低机房的空调能耗的技术方案。

（2）美的、海尔、EUROKLIMAT 等公司推出了机械通风与蒸气压缩式空调机组结合的一体化机组，在室外温度较低时，用机械通风方式将室外空气引入室内降温，当室外温度较高时启动压缩式制冷系统，该方法能很好地协调新风降温和空调机组的协调配合。

（3）将机械制冷与重力热管循环结合，部分展商展出了复合式制冷机组。该系统可避免室外空气水汽和污染物对室内设备的影响。

2.3.3　未来展望

中小型空调设备在过去十年经历了快速发展，中国快速城市化导致的新建建筑大幅增加是这一过程的重要推动力。在今后的一段时间内，城市化的持续和更新需求的增加将维持对空调设备的高需求量。中小型空调设备生产企业应把握好这一机遇，练好"内功"，发掘用户需求，提升产品性能和用户满意度。

可以预期，家用干燥装置（厨房干燥、衣物干燥等）的需求将呈现较大规模增长。同时，基于新型传感器、大数据和通信技术，能及时响应用户个性化需求的智能化空调装置将快速增长。最后，空调设备从设计、标准制定到服务将向用户偏移。

2.4　空气处理机组与暖通空调自控系统

2.4.1　技术发展特点

十年制冷展期间，空气处理机组与暖通空调自控的展商不断增加，空气处理设备及装置的种类、规格呈现多样化。既有传统产品的性能改进与提高，又有新技术、新产品的出现，产品加工工艺也不断提高。伴随节能减排的严峻形势、对室内空气品质与健康的关注以及信息化智能化元素的融入，一系列空气处理与系统控制新技术应运而生，并迅速占据一席之地。

从技术方面看，热回收机组作为具有显著节能潜力的空气处理技术受到广泛关注，多种类型（溶液、转轮、热泵等）的热回收产品被推出；温湿度独立控制作为空气温湿度节能处理新技术被广泛认可，经过近十年的发展，基于温湿度独立控制概念的多种温度、湿度处理机组被推出；面向特殊空间使用特征和负荷特性的专用空气处理机组陆续推出；风机盘管、供冷/热末端、蒸发冷却、室内机末端等空气处理产品在节能性、结构优化、舒适性等方面进展显著；室内外环境污染现状推动了新风与净化市场的发展，种类繁多的新风与净化产品应运而生；空气输送部件（风机、风管）性能提高，新产品不断出现；智能化暖通空调和楼宇自动控制系统逐渐增多，发展势头强劲。

1. 热回收机组

随着节能减排形势的日益严峻以及人们对室内空气品质要求的不断提高，以较低能耗增加新风供应成为居住建筑和公共建筑的普遍要求，因此新排风热回收技术成为近年来空气处理的重要环节。十年制冷展期间，热回收技术厂家不断增加，在常规显/全热交换器、转轮式热回收器的基础上陆续推出多种新技术和新产品，代表产品包括：

（1）热泵热回收机组。清华同方推出的该类机组，在排风和新风之间增加热泵装置，冬（夏）季利用热泵的冷凝器（或蒸发器）直接处理新风，提高回收冷热量。以室内排风和室外新风分别作为热泵的高低温热源，通过改善热泵在冬（夏）季运行的工况条件，获得高能效比，以降低处理新风的能耗。

（2）热泵与转轮除湿结合的热回收机组。蒙特公司推出的 DryCool 机组（见图 2.4-1），新风经蒸发器降温除湿后进入除湿转轮进行干燥，处理后温度升至室温，排风经冷凝器加热后对转轮进行去湿再生。

（3）基于水喷淋的热回收机组。CAREL 公

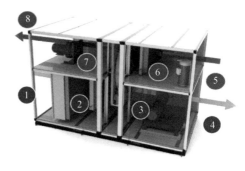

图 2.4-1　DryCool 转轮除湿热回收机组

司推出的该类机组（见图 2.4-2），通过对夏季排风进行等焓加湿，制造温度接近湿球温度的冷风，再与新风进行显热交换，以提高交换效率。

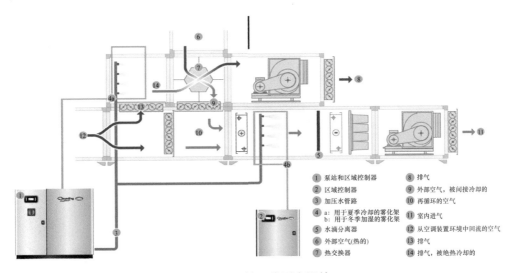

①	泵站和区域控制器	⑧	排气
②	区域控制器	⑨	外部空气，被间接冷却的
③	加压水管路	⑩	再循环的空气
④	a：用于夏季冷却的雾化架 b：用于冬季加湿的雾化架	⑪	室内进气
⑤	水滴分离器	⑫	从空调装置环境中回流的空气
⑥	外部空气（热的）	⑬	排气
⑦	热交换器	⑭	排气，被绝热冷却的

图 2.4-2　热回收型空调箱

图 2.4-3　双换热式空气处理机组

（4）双换热器热回收机组。环都拓普公司推出的该类机组（见图 2.4-3），采用前置转轮热交换器，新风对排风进行能量回收；采用后置板式热交换器替代空调的再热系统，以节约再热能量。

（5）防止交叉污染的热回收技术。无锡罗特空气处理设备有限公司推出的转轮式容积回收机组，采用全热型转轮进行热回收的同时，将排风中污染气体（如甲醛、臭气等）与水分通过罗特分子筛分离，达到既回收利用能量又净化空气的目的；具有自清洗功能的转轮全热交换器（见图 2.4-4），自带清洗扇区域，在排风污染转芯之

前用小股新风加以反向吹洗；板翅式全热交换器采用各种薄膜透湿纸或纤维，经特殊处理的薄膜纸只允许直径较小的水蒸气分子通过，直径较大的有害分子无法通过。

图 2.4-4 具有自清洗功能的转轮全热交换器

2. 温湿度独立控制系统

温湿度独立控制技术产品从 2008 年亮相制冷展以来，对节能创新空气处理过程的研发起到了引领作用，代表产品包括：

（1）溶液调湿新风机组。作为温湿度独立控制中的湿度控制部分，华创瑞风推出了热泵式溶液调湿新风机组（见图 2.4-5），通过溶液向空气吸收或释放水分，将溶液喷淋与热泵结合，实现新、排风能量回收，并对新风的空气湿度进行调节。具备对空气冷却、除湿、加热、加湿、净化等多种功能。独立新风机组与高温冷水机组搭配，实现高效温湿度独立控制。

（2）温湿度独立直膨式空调箱。天加推出了用于洁净手术部净化空调的温湿度独立直膨式空调箱（见图 2.4-6），新风机组采用数码变容量直膨式技术承担除湿功能，循环风机组负责降温，从而实现温湿度独立控制，避免传统方案先制冷除湿再加热造成的能源浪费。

图 2.4-5 华创瑞风热泵式溶液
调湿新风机组

图 2.4-6 天加温湿度独立
直膨式空调箱

3. 专用空气处理机组

制冷展期间陆续出现了应用于特定功能场合的空气处理机组，代表产品包括：

（1）地铁专用节能空气处理机组。西屋康达、必信空调推出了磁悬浮直接蒸发式地铁专用节能空调机组（见图 2.4-7），将磁悬浮空调技术与直接蒸发式空调箱相结合，配置直流无刷无蜗壳风机，搭配高效直膨式换热器及模糊控制技术。相比传统空气处理机组减少了冷水主机、冷水泵等设备，减少了投资，且可减少占地面积，适用于空间有限的地铁环境。

（2）游泳池专用空气处理装置。法国 CIAT 公司展出了游泳池专用除湿机组（图 2.4-8），针对游泳池内空气湿度高、湿负荷大的特点，采用蒸气压缩制冷的蒸发器对空气进行降温除湿，除湿后的空气利用冷凝器的热量进行适当加热后送入室内，剩余热量经热交换器排入游泳池内加热池水。该装置将空气除湿与系统节能综合，显示出专用空气处理装置在产品设计灵活性、节能性和实际工程适应性方面的优势。

图 2.4-7 地铁专用节能空调机组 图 2.4-8 泳池专用空气除湿装置

4. 空气处理末端

在集中空气处理机组之外，小型空气处理末端近年来不断出现新形式，代表产品包括：

（1）风机盘管新形式。直流无刷风机技术的成熟推动了直流无刷风机盘管产品的开发（见图 2.4-9），天加、格力、特灵等企业展出了各自的产品，直流无刷风机盘管在降噪、控温、节能等方面优势明显；新菱（SINRO）公司推出的无线遥控风机盘管，将无线遥控和温度传感器相结合，根据房间温度状况，对风机盘管供液量进行在线调节，体现了智能化和个性化；广东芬尼克兹、奥克斯等公司展出了超薄型风机盘管，以减小安装空间，拓宽风机盘管的适应性。

（2）毛细管辐射换热器。图博、兰舍等公司陆续展出了毛细管产品（见图 2.4-10），采用辐射传热方式，人体舒适度提高。毛细管内冷水温度高于常规冷凝除湿空调系统的7℃，主要用于温湿度独立控制空调系统中处理显热负荷，也可利用低品位能源。

图 2.4-9 直流无刷风机盘管 图 2.4-10 毛细管辐射换热器

（3）低温供暖末端。伴随南方地区供暖需求的提高，北方地区压减供暖燃煤的严峻形势，空气源热泵（＋太阳能等）与低温供暖末端成为供暖的有效技术路线。JAGA 等厂家推出了小温差辐射地板或地板送风末端（见图 2.4-11），由小型贯流风机或多个轴流无刷小风机和高效换热器组成，通过地板格栅送风，可实现30℃热水供暖，比地暖响应快，利于节能；地板辐射供暖加地板送新风的供暖方式也得到了广泛的展出。

（4）蒸发冷却技术。美的、蒙特、广州傲特等推出了降温风扇（见图 2.4-12），采用蒸发冷却技术，通过循环水泵喷淋在加湿介质上，在风机驱动下对空气进行加湿、降温处理；也有厂家把超声波加湿器和电风扇结合形成"空调扇"，为炎热干燥地区和工矿企业提供降温、加湿设备；九洲普惠、捷高、德通推出的送风雾化降温器、摇摆喷雾风机等，通过大风量送风携带水雾，对周围空气进行冷却降温，适用于户外餐厅、公共广场、露天吧等户外场合。

图 2.4-11　低温供暖末端　　　　　　　图 2.4-12　降温风扇

（5）空调室内机末端新产品。海尔等企业展出的吊顶式超薄室内机和吸顶暗藏式室内机（见图 2.4-13），相比于传统室内机厚度更小，与建筑围护结构一体化设计效果更好；送风参数调控向智能化迈进，海尔推出了智能语音控制空调（见图 2.4-14），通过语音指令即可实现温度控制；室内机出风口更加注重舒适性保障和外形美观因素，海尔推出了多款不同风口类型的室内机（见图 2.4-15）。圆环形风口设计使送风射流诱导室内空气掺混，以避免冷风直吹的吹风感；沿室内机高度方向的送风口设计可将热风送至工作区内，解决冬季热风难以到达工作区的问题。

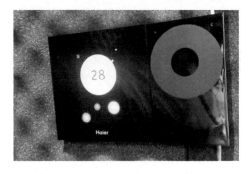

图 2.4-13　吊顶室内机末端超薄设计　　　　图 2.4-14　海尔智能语音控制空调

（6）移动式工业冷气机。无锡冬夏机电有限公司展出了移动式工业冷气机（见图 2.4-16），由一体化制冷机组产生冷风经软管送风，适用于工业车间岗位降温、设备降温、流水线降温等需局部降温的场合。

图 2.4-15　室内机末端送风口　　　图 2.4-16　移动式工业冷气机

5. 新风与净化产品

随着建筑密闭性的提高以及人们对室内空气品质的重视，家用新风系统逐渐进入中国市场。近十年，经历了建筑装饰装修引起污染和室外雾霾，人们对健康的诉求空前提高。尤其在近几年雾霾严重的背景下，新风与净化行业快速升温，从 2015 年制冷展开始，新产品大量出现，成为重要参展部分。兰舍、百朗、松下、海顿、环都集团、赛菲等多个公司推出了挂壁式、吊顶式、柜式等不同形式的新风机（见图 2.4-17），代表产品包括：

（1）全热回收新风机。三菱电机公司率先推出的挂壁式板翅型全热交换器（见图 2.4-18），在背部墙体上分别开设新风和排风孔，以实现节能换气。松下等公司也陆续推出了类似系列产品。"壁挂式"设计适合装修已完成的居室，大大减少管道施工，实现低成本换气；奥斯博格展出了转轮热回收新风机（见图 2.4-19），是转轮热回收技术在家用新风换气中的新尝试。

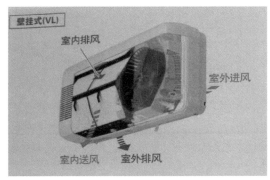

图 2.4-17　新风系统配置　　　　　图 2.4-18　挂壁式全热回收

（2）高效过滤与热回收结合技术。海顿新风采用 ESP 静电积尘箱加 HEPA 高效滤网进行过滤，采用亲水铝材作为热回收芯体；赛菲新风采用等离子加驻极体高效滤网进行过滤，采用高分子热交换渗透膜进行全热回收。

（3）带再冷、加湿功能的全热交换器。三星公司推出带有再冷、加湿等功能的全热交换器（见图 2.4-20），使新风处理到需要的送风点，解决新风温度和湿度的精细化调节问题。

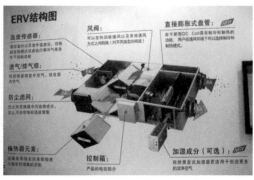

图 2.4-19　转轮热回收新风机　　　　图 2.4-20　带再冷、加湿等功能的全热交换器

近年来制冷展吸引了兰舍、松下、奥斯博格、上海禾益、无锡汉马、利安达、恩科、美埃、曼瑞德、爱芯环保等多家净化装置生产企业，代表产品包括：

1）带净化功能段的空气处理机组。德州亚太集团推出的高压静电集尘能量回收组合式空调机组（见图 2.4-21），通过高压静电的吸附作用进行除尘、杀菌和过滤；

2）洁净与杀菌相结合的空气净化装置。北京特新达（TSIND）机房设备有限公司展出的电子净化高效光氢离子杀菌空气处理器（见图 2.4-22）、东莞市利安达环境科技有限公司展出的管道式或通用型空气净化机系列产品等（见图 2.4-23），将静电除尘技术、气体过滤吸附技术和高效光氢离子（HPHI）技术、离子电离技术、纳米紫外光波技术及溶酶吸附技术结合为一体，满足特殊空间高质量的空气质量需求。

图 2.4-21　高压静电集尘能量　　　　图 2.4-22　多效净化光氢离子杀
　　　　　回收空调机组　　　　　　　　　　　　菌空气处理器

3）材料性能改进的净化装置。烟台宝源净化有限公司以改性活性炭为载体，提高化学吸附过滤器对有机气体、酸碱气体的吸附和化学中和的效率和比例，以提高工业空调净化器的净化效率。

4）风口净化装置。爱芯环保科技（厦门）股份有限公司展出了在空调器室内机回风口安装净化部件的方案，可定制挂壁机、吸顶式、柜式等多种形式空调末端的回风净化段；埃瑞德展出的装饰风口净化组件（见图 2.4-24），可安装在中央空调回风口上，兼顾美观和净化功能；无锡汉马空调与通风设备有限公司展出的静电型净化组件，安装于风机盘管的回风口处，实现净化功能。

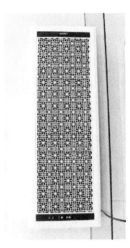

图 2.4-23　通用 T2000 型空气净化机　　　　　图 2.4-24　风口净化装置

（4）油雾烟尘净化器。兆和环境公司展出了该类净化器（见图 2.4-25），通过油污气体荷电处理、静电吸附分离、空气电离产生臭氧、臭氧除味等环节，使含有油雾的空气达标排放，该技术可广泛应用于建材、加工、纸业、化工以及建筑环境行业。

（5）面向教室类建筑的综合净化解决方案。爱芯环保科技（厦门）股份有限公司提出在中央空调、风机盘管回风口、壁挂式空调上加装爱芯"嵌入式"电子空气净化模块，联合新风机组，实现针对教室类建筑的室外雾霾、室内粉笔粉尘污染的绿色校园解决方案；美埃环境展出了吊顶净化器与新风机联合保障的校园净化方案（见图 2.4-26）；松下新风推出了一款适用于学校大空间净化的吊顶式净化器。

图 2.4-25　油雾烟尘净化器　　　　　图 2.4-26　美埃环境绿色校园净化解决方案

6. 空气输送部件

从近十年的制冷展也可看出通风管道、风机等空气输送部件的发展，代表产品包括：

（1）风机墙技术。格瑞德、美意等企业针对空气处理装置采用大风机气流不均匀、前后均需要足够距离的问题，推出了多风机并联送风的风机墙技术（见图 2.4-27）。机组采用无蜗壳风机，多个风机模块并排组成，可根据场地灵活排列。风机段长度较传统机组减小，可根据实际需要调节风机运行数量和频率，变风量的同时保持风压稳定，实现机组的高效节能运行。

（2）柔性送风管道。杜肯索斯、Prihoda、江苏耀迪等企业展出了纤维布质软风道结构。其中杜肯索斯产品采用圆形断面（见图 2.4-28），风管材料以特殊纤维织物作为面材，以高效绝热材料作为绝热层，将纤维织物层与绝热层有机融合，并在风管内表面复合不同类型功能贴面，全面提升风管系统的综合性能。该类风道产品由于其自重轻、安装灵活及周期短等特点已应用于大型公共建筑、工业领域等的通风设计及改造中。

图 2.4-27　风机墙技术

图 2.4-28　纤维织物风道

（3）节能风机。依必安派特风机（上海）有限公司推出了新型 Radipac EC Ⅱ 节能离心风机，在紧凑电机、变速传动、Modbus 控制、优化的叶片设计、锥形进风口、特殊蛛网式安装结构等方面进行了精心设计；G3G190 蜗壳型 Radical 叶轮鼓风机在紧凑的蜗壳内配有后倾式叶轮、EC 电机和控制电子，适合于简单快速、低成本的集成，与传统鼓风机相比，功耗减少 34%（见图 2.4-29）；施乐百机电设备（上海）有限公司推出的 ZAvblue 离心风机专注于叶片形式的优化，通过设计三维斜流异形后弯叶片，实现高体积流量、有效系数和低声功率级；常州祥明智能动力股份有限公司推出直流无刷外转子轴流风机，采用智能化直流无刷外转子电机驱动，电机与叶轮一体化设计，电机转子体与叶轮连体结构，具有效率高、噪声低的特点。

图 2.4-29　依必安派特风机

7. 暖通空调自控系统

随着信息化时代的到来，大数据、物联网等新兴概念陆续进入到暖通领域，传统暖通空调和建筑运行开始向高科技智能化过渡。近 5 年制冷展中，展出智能化自控系统的企业，如西门子、施耐德、霍尼韦尔、丹佛斯、爱迪生、阿自倍尔、和欣、海林、倍福、亿林、高标物联、深蓝股份等，开始活跃于制冷展舞台。建筑暖通空调系统服务水平的提高和运行能耗的降低很大程度依赖于自动化水平的进一步提高，因此，自控系统的更新换代和推广应用前景广阔。代表性产品包括：

（1）机房和能源站控制系统。克莱门特的 ClimaPRO 中央空调机房、顿汉布什的 i-Vision 机房自控控制系统、开利的能源站管理系统、海尔中央空调云智能中心和森威尔自控 SmartCon 全方位商用暖通控制系统等。此类自控系统普遍向控制算法更智能、通信协议更多样、软件平台更灵活、人机界面更清晰、大数据存储和远程控制等方向发展。

（2）楼宇自控系统。以西门子、施耐德为代表的企业开始把暖通空调自控系统与建筑自控系统融合，构建建筑级，乃至区域级、城市级的自控网络。西门子 Desigo CC 下一代绿色楼宇综合管理平台，在暖通空调自控的基础上，兼容智能照明、房间控制、消防安防、变配电等能耗设备，可以满足楼宇扩充、升级、优化的需要，标志着楼宇管理平台的发展方向；倍福推出集成式智能楼宇系统，将所有楼宇系统整合到一个平台上，通过自适应控制器进行过程优化，通过 PC 实现基于标准的控制技术；和欣展出了智能照明系统、客房控制系统、能量计量收费系统和 VAV 及联网风机盘管控制系统（见图 2.4-30），并展示了其可实现控制系统兼容性的特色；亿林物联展出了设备控制与能耗监测系统、智能供暖解决方案、智能楼宇管理平台（见图 2.4-31）。

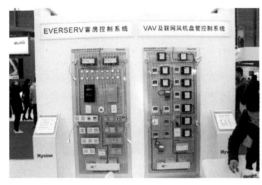

图 2.4-30　和欣控制系统

（3）控制关键部件。西门子推出了可编程控制器 RWG（见图 2.4-32），提供通用的输入输出和开放的通信接口，基于先进的网络构架技术，采用简单易用的图形化编程工具和虚拟调试手段，实现简单、易用、灵活的控制目标；施耐德推出了 SmartX 控制器 AS-P，是服务器级别设备，执行控制逻辑、趋势记录、报警监察等关键功能，并支持 I/O 和现场总线的通信和连接；丹佛斯推出了 NovoCon 智能执行器，通过配备该执行器，丹佛斯动态压差平衡型电动阀将可与楼宇自动化系统远程连接，为实现远程维护、调试动态流量、系统故障诊断提供了可能性。

图 2.4-31　亿林控制系统　　　**图 2.4-32　西门子可编程控制器**

2.4.2 未来展望

经过近十年的发展，空气处理机组与自控系统围绕节能、健康保障、舒适保障、智能化等现实需求已取得较大发展。在特定的发展背景下，很多国内企业获得了发展机遇并苗壮成长，国内企业在空气处理机组与自控领域已具有较大规模，发展形势良好。展望未来，企业仍需加快技术发展与革新的脚步。

节能减排是行业长期的任务，空气处理机组在温度、湿度调节方面需继续探索新的节能处理流程和技术，对已有节能装置进行性能改进，注重高效热回收且有效防止交叉污染的新材料研发；针对更多不同功能建筑空间，开发出匹配对应特征的新型节能空气处理装置；房间空气处理末端已开始注重结构优化、高舒适性保障、智能化控制等问题，但相关工作处于起步阶段，需进一步深化这方面的工作，研发出更多高效末端装置；室内外污染已引起人们对健康的重视，新风与净化市场异常活跃，但目前产品存在性能参差不齐、运行阻力高、二次污染等众多问题，还需进一步研发低阻力、低二次污染的净化产品，以有效平衡节能性和健康效益；智能化控制系统已初具规模，针对房间、楼宇、暖通系统等不同对象的实时监控、诊断系统大量出现，随着我国经济的发展和人们生活水平的进一步提高，智能化自控系统预期将在我国得到推广。

从十年来的制冷展历程可以看出，国内外企业在空气处理机组与暖通自控方向取得的成绩，随着面向节能环保、舒适与健康保障的空气处理技术和产品的进一步研发和推广，将更好地推动中国制冷空调行业的发展。

2.5 供热与热水设备与系统

2.5.1 技术发展特点

中国制冷展经过十年的发展，成功展示了中国乃至全球制冷、空调、供暖、通风及食品冷冻加工技术的最新进展，已成为全球制冷空调、人工环境控制领域工程技术人员相互交流、相互学习、共同进步的平台。与制冷展上的制冷空调设备、冷冻冷藏设备等主流展品发展相比，供热与热水设备及系统（有关冷（热）水机组的展会总结，请参见工商业用中央空调冷热水机组及制冷配件部分；有关供暖（冷）的冷剂式热泵机组的展会总结，请参见中小型制冷空调设备与系统部分）及相关产品发展呈现出自己独有的特点，总结如下：

1. 供热与热水设备及系统展品类型从少到多，逐年丰富

2008 年，除了展出热泵产品和部分空气幕、暖风机外，几乎未见到其他专门的供热产品；2009 年开始展出空气源热泵热水产品、太阳能利用产品以及供暖节能控制元件；2010 年开始展出锅炉、太阳能热水器、电热水器等；2011 年开始展出用于家庭供暖、制冷、常年提供生活热水和各种温度饮用水的"家庭能源中心"模式产品，即一套家庭热能源综合供应系统，同时还出现了槽式太阳能集热器及其集成应用系统；2012 年开始展出燃气热泵机组、第一类吸收式热泵机组、第二类吸收式热泵机组；2013 年开始展出 CO_2 空气源热泵热水产品、燃气供暖热水炉系列产品、燃气热水器等产品；2014 年开始展出不降温（蓄热）除霜技术的空气源热泵机组、供热模块型分集水器；2015 年开始展出的空气源热泵热水器产品逐步实现了系列化，同时，还展出了低温供暖末端设备；2016年开始展出可为用户提供中低温冷源、高中温热水、高低压蒸汽的冷、热、蒸汽三联供集成系统，并且展出的空气源热泵热水器的产品种类更加丰富；2017年，供暖、生活热水的专用设备中的燃气热水器、电热水器、太阳能热水器等几乎不见踪影，而热泵热水器及供暖设备占了绝大多数，而且在"煤改清洁能源"政策影响下，出现了煤改电空气源热泵供暖专区。

2. 供热与热水设备展品新技术不断出现，产品性能逐年提高

作为节能环保的设备，空气源热泵供热与热水设备的研发一直是该领域关注的重点。十年来，围绕空气源热泵的低温高效及其适应性、除霜技术，高温热水供应技术，低GWP制冷剂替代等相关问题，新技术、新产品不断涌现，产品性能逐年提高。

2010年，依靠中间补气技术，开发出能在−20℃可靠运行、−12℃时制取45℃热水，COP达2.5以上的低环境温度螺杆式空气源热泵热水机组；2011年，依靠喷气增焓准二级压缩技术，空气源热泵机组可以在环境温度为−25℃下强劲制热运行，最高出水温度高达65℃，国标制热工况能效比高达3.8。同年，以R410A/R134a为制冷剂开发的复叠式空气源热泵系统，通过两套热泵系统的接力制热，能够在室外−20℃条件下，制取80℃的高温热水，可供室内散热器供暖之用；2017年，集成涡旋喷气增焓压缩机、高效过冷却器、高效换热器的超低温空气源热泵机组，可在−26℃的环境温度下制热稳定、可靠运行，制热效果大幅度提升。同时出现的采用双级压缩技术和变容技术相结合的空气源热泵机组，克服了现有双级压缩系统存在能效变化较大、一种固定压缩比无法同时满足制冷和制热的能效要求、经济性较差等缺陷，在−25℃超低温环境下制热能力不衰减，在−30℃下，制热能力仍可达额定制热能力的80%。

从除霜技术看，避免误除霜，减少机组除霜时对室内环境的影响，甚至除霜时仍能有效供热，是这一技术发展的主线。2008年，展出的多联机改原来同时除霜为分散除霜（室外机模块不同时除霜）模式，使多联机的除霜时间缩短，并减轻除霜对室内温度的影响；2014年展出了不降温（蓄热）除霜技术，2016年则出现过冷抑冰设计，采用分区独立智能动态除霜，除霜不影响制热。

有关机组低GWP制冷剂替代，近年来该领域产品一直在践行，目前市场产品常用的有R410A，R134a，R32，CO_2，NH_3/CO_2等。

其他供热与热水设备展品新技术不断出现，产品性能逐年提高，在此不再赘述。

3. 可持续发展理念日益深入，供热与热水设备展品更加绿色节能

纵观近十年的发展，可以发现早期的展览中，会有传统的、单一的燃气热水器、太阳能热水器、电热水器展品，但近年来，随着可持续发展理念日益深入，这些产品在展会上逐年减少，到2017年则难觅踪影，取而代之的是具有可再生能源利用、具有能量回收功能、更加绿色节能的设备和集成系统。

2011年，展出了"家庭能源中心"方式的家庭热能综合供应系统，即一套供热设备，用于家庭供暖、制冷、常年提供生活热水和各种温度的饮用水，适用于小型化的家庭和居民小区。

2012年，展出了太阳能集热器与空气源热泵集成设备与系统，以提高冬季供暖和制备生活热水的能效，同时减少空气源热泵除霜运行时对室内舒适性的影响；展出的第二类吸收式热泵机组利用温度在 80℃ 以上的工业余热和废热,可获得比废热温度高 40℃、不超过 175℃ 的热媒或蒸汽,利用工业余热将低品位能源提升到高品位。

2014 年展出的热泵供热技术多元化、产品多功能化,出现以空气源热泵为主的太阳能供热技术和太阳能热泵为主、空气源热泵为辅的供热技术两大系统。后者包括太阳能光伏发电直驱式热泵和热源为太阳能的太阳能热泵系统。多元化的产品可根据供热温度、供热地域、太阳能辐射条件、太阳能集热器的种类等进行合理选择。

2015 年展出了太阳能和燃气热水器相结合的热水供暖系统,该热水供暖系统采用太阳能预加热,燃气热水器/燃气壁挂炉二次加热,实现了太阳能和燃气的梯级加热,以节约燃气消耗。

2016 年展出了 CO_2 复叠式冷源及热水、蒸汽集成系统,可为用户提供中低温冷源、高中温热水、高低压蒸汽,是冷、热、蒸汽三联供的集成技术。集成系统由 NH_3/CO_2 制冷系统、NH_3 高温热泵、R245fa 蒸汽热泵三大部分构成,利用热泵技术生产热水和蒸汽,能够替代燃煤锅炉,更加环保节能,为食品工艺系统提供了重要的冷热源系统。

2.5.2　特色技术与产品

结合历年展品,下面从低环境温度空气源热泵机组、其他类型的热泵热水机组、空气源热泵热水器、燃气热水炉/器、换热机组、供暖末端及其辅助产品等方面对其特色技术与产品分别表述,有关锅炉、电热水器、太阳能热水器等常规产品,在此不再赘述。

1. 低环境温度空气源热泵机组

随着北方地区"煤改清洁能源"供暖需求的提出,各企业积极研发低温空气源热泵技术,近十年来,展会上多个企业展出了相关产品,技术上主要体现在两个方面:一是普遍采用制冷剂喷射的准双级压缩循环的低温热泵技术或双级压缩机组,空气源热泵的低温适应性进一步提高;二是采用低温除霜控制新技术和低 GWP 环保制冷剂的应用,部分企业参展的低温空气源热泵机组如表 2.5-1 所示。

部分企业低温空气源热泵机组特点　　　　　　　　　　　　　　　　表 2.5-1

品牌	最低运行环境温度（℃）	制冷剂	准双级压缩循环	备注
西屋康达	−25	R410A	是	机组智能除霜,真正实现多霜多除,少霜少除,并减少热水水温波动
美的	−26	R410A	是	
开利	−20	R410A	是	
绿特	−25	R410A	是	
麦克维尔	−26	R32	是	机组制热 $COP=3.82$,制冷 $COP=3.56$,综合部分负荷性能系数 $IPLV(C)$ 达 4.41
德州亚太	−22	R410A	是	采用了直流变频技术
清华同方	−15	R32	是	过冷抑冰设计,除霜彻底,采用分区独立智能动态除霜,除霜不影响制热
格力	−35	R32	否	双级压缩,三缸双级变容压缩机,限 Ab 型号的机型。家用空调器,−15℃ 时制热不衰减,达到 100% 的额定制热量;家用多联机,实现 −30℃ 低温强劲制热,且出风口温度可达 45℃;−25℃ 时制热不衰减

部分企业典型产品如下：

（1）芬尼克兹公司生产的超低温空气源热泵，采用了带有制冷剂补气（喷气增焓）回路的热泵系统，可以在－25℃的环境温度下强劲制热运行，最高出水温度高达65℃，国标制热工况能效比高达3.8。

（2）大金公司开发的复叠式空气源热泵系统，通过两套热泵系统（R410A、R134a）的接力制热，能够在室外－20℃条件下，制取80℃的高温热水，供室内散热器供暖之用。

（3）格力公司基于双级压缩技术推出了可在－35℃下高效制热的GMV铂韵家用多联机（见图2.5-1）。宣传资料显示：该机组可在－20℃环境下实现制热量不衰减，可在－30℃环境下实现80％制热量输出。

（4）美的集团基于涡旋压缩机的"缸内直喷"（准二级压缩）技术推出了MDUS等系列家用和商用多联机，可实现低温环境的高效供暖；同时将该技术用于空气源热泵热水机组，推出了可在－26℃下产出60℃热水的超低温热泵热水机组（见图2.5-2）。

图 2.5-1　格力公司的低温热泵型家用多联机　　图 2.5-2　美的集团的低温热泵热水机组

（5）麦克维尔推出的针对寒冷地区冬季供热的R32低温空气源热泵模块式机组，较以往的R410A机组具有更好的环保性能，且制热量随环境温度的降低衰减更少。该机组额定制热能力为152kW，能在－26℃以上的环境中运行，其制热综合部分负荷性能系数可达4.41（见图2.5-3）。

（6）德州亚太集团将空气源热泵技术和太阳能热水技术优化整合，生产出双能源热泵机组（见图2.5-4）。利用太阳能集热器和喷气增焓技术，使机组在低温环境下保持高能效比和良好的可靠性，在－20℃环境下正常制热运行，系统能效比不低于2.25。太阳能集热器的加入，在冬季工况时，一方面可利用太阳能集热器解决翅片底部结冰问题；另一方面可利用太阳能热水提高制热时机组运行的蒸发温度，提高机组低温运行能效比和安全性。

此外，海尔、TCL等企业也针对性地展出了适用于北方地区的低环境温度空气源热泵机组系列产品。

2. 其他类型的热泵热水机组

（1）吸收式热泵机组

吸收式热泵机组的技术和规模在制冷展上不断提高，特别是在工业余热利用方面的优势逐渐凸显。

结合吸收式热泵的用能特征及各类余热特征，部分厂家还提出了电厂余热回收供热技术、工业余热回收供热技术、分布式能源系统等，双良公司等展示出各种技术系统模型及工程案例。烟台荏原生产的全热回收直燃型溴化锂吸收式热泵一体机，机组采用三段烟气余热回收技术，使燃气的排烟温度降低到 30℃ 左右。荏原生产的以提高热水温度为目的的第二类吸收式热泵机组，利用温度在 80℃ 以上的工业余热和废热，可获得比废热温度高40℃、不超过 175℃ 的热媒或蒸汽，利用工业余热将低品位能源提升到高品位，在炼油、石化、钢铁等工业领域具有广阔的应用前景。

图 2.5-3　麦克维尔 R32 低温强热　　　　图 2.5-4　德州亚太集团参展的
空气源热泵模块式机组　　　　　　　　双能源热泵机组

（2）燃气热电联产及燃气冷热联产热泵机组

日本洋马公司展出了热电联产燃气热泵空调（见图 2.5-5），利用燃气发动机驱动开启式涡旋压缩机多联机系统，实现热电联产，同时充分利用烟气余热，实现能量的梯级利用，制热运行时其一次能源效率达到 2.31。

大连三洋公司展出的多功能型燃气热泵，实现制冷、制热及提供生活热水功能。该燃气热泵机组采用日产发动机、滑片式压缩机、R410A 制冷剂，夏季制冷时，利用回收蒸气压缩式制冷系统的冷凝热制取生活热水（原理见图 2.5-6）。这些机组从一个侧面展示了节约能源、综合利用能源、推动能源利用的可持续发展的产品研发思路。

 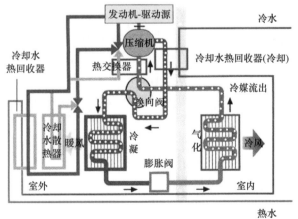

图 2.5-5　洋马燃气热泵用发动机　　　图 2.5-6　三洋公司燃气热泵"热回收"制热原理图

（3）基于可持续能源的冷（热）水机组

山东奇威特展出了集槽式太阳能集热器、较高蓄能材料蓄能器和氨吸收式热泵空调机组为一体的可持续能源冷（热）水机组（见图 2.5-7 和图 2.5-8），为太阳能等可再生能源、热电冷三联供的烟气余热利用提供了可行的方案。

图 2.5-7　槽式太阳能集热器　　　图 2.5-8　奇威特直驱式太阳能空调

太阳能集热器通过抛物面的弧形反光镜，将太阳光聚集在含有特殊物质的吸热管上加热蓄热介质，并驱动氨吸收式制冷热泵空调机组，具有制冷、制热和提供生活热水的三位一体功能。该冷热水机组太阳能利用效率达 75% 以上，温度达 300℃ 以上；使用氨作为制冷工质，有利于环境保护；蓄热材料采用 220℃ 相变熔融盐；机组容量可在 2.5～200RT 间实现无级调节。

（4）高温热泵热水机组

部分典型的高温热泵机组产品如下：

1）冰轮集团展出了 CO_2 复叠式冷源及热水、蒸汽集成系统，可为用户提供中低温冷源、高中温热水、高低压蒸汽，是冷、热、蒸汽三联供的集成技术。集成系统由 NH_3/CO_2 制冷系统、NH_3 高温热泵、R245fa 蒸汽热泵三大部分构成，利用热泵技术生产热水和蒸汽，能够替代燃煤锅炉，为食品工艺系统提供了重要的冷热源系统。

2）雪人集团展出的制热温度为 125℃ 的高温工业热泵机组，采用环保的高温制冷剂，通过优化的系统设计，实现 125℃ 高温水和蒸汽的供给。

3）昆明东启展出的以 CO_2 为制冷剂的热泵供热机组，其室外机工作温度最低为 -10～43℃，其供热水温度高达 90℃，可满足散热器供暖、家用热水及某些工业用热水的需求。

4）杭州真心等企业采用新型环保混合制冷剂 R2718（商家提供的名称）的空气源热泵系统，高温端可提供 85～100℃ 的热水，低温端环境温度范围为 -10～45℃。这种热泵机组可以提供家庭地板供热、常规供热和工业用热水等多重用途。

3. 空气源热泵热水器

相比一般的燃气热水器、电加热热水器等，空气源热泵热水器流程及结构设计能够确保水电完全隔离，水质不受污染，具有环保无污染、高效节能、安全可靠、自动控制设计完善等优点。美国史密斯，我国格力、美的、浙江生能等很多厂家都生产这类产品。部分典型产品介绍如下：

（1）史密斯公司推出了 HPW 系列热泵辅助超节能电热水器，使用冷剂为 R134a，结构紧凑，带有专利 AES 自适应节能系统。

（2）格力"水力士"热泵热水器将循环式和直热式结合（见图 2.5-9），既可以直热产水，又可以循环保温，使得产热水速度、产热水量、产水温度都可以得到保证。此外，格力生产的"热·水湾"系列产品运行范围为 $-7\sim43℃$，出水温度为 $30\sim58℃$；"热·水域"系列产品运行范围为 $-10\sim45℃$，出水温度为 $35\sim60℃$，全系列平均能效比达 4.0，最高可达 5.8；"热·水谷"系列产品采用双级压缩技术，运行范围为 $-26\sim46℃$，出水温度为 $30\sim55℃$，在 $-15℃$ 的环境下，能效比可达 2.0。上述三类商用空气能热水机产品，全部实现模块化，最大支持 16 台自由组合、集中控制，避免一台机组出现故障而影响其他机组正常运行。

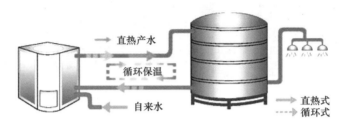

图 2.5-9　格力"水力士"热泵热水器

（3）美的生产的空气能热水器自成系列。美的蓝钻内胆系列产品，适用环境温度为 $-7\sim43℃$，出水温度为 $40\sim55℃$；优泉系列，适用于 $-20\sim46℃$ 的环境温度，最高水温可达 75℃（见图 2.5-10）；乐泉系列，适用于 $-7\sim43℃$ 的环境温度，出水温度为 $40\sim60℃$（见图 2.5-11）。美的空气源热水器的水箱均采用蓝钻内胆技术，使用 FERRO 内胆涂层材料和宝钢专供的 BTC 内胆材料，具有较强的承压性能和防腐抗垢能力。

图 2.5-10　美的空气能热水器优泉系列　　　图 2.5-11　美的空气能热水器乐泉系列

（4）美的、三电、都凌等公司推出了 CO_2 空气能热水机。CO_2 制冷剂的低温饱和压力高，比普通制冷剂具有更低的蒸发温度，更少的系统制热量衰减，在 $-25℃$ 的环境温度下，依然可以生产 90℃ 的热水。除此之外，CO_2 作为纯天然的环保冷媒，对臭氧层没有破坏作用，零温室效应。如佛山都凌节能设备科技有限公司推出的家用整体式 CO_2 热泵热水器（见图 2.5-12），该热水器可一次性加热热水 60L，运行范围为 $-25\sim43℃$，出水温度为 $45\sim90℃$。图 2.5-13 为三电公司展出的家用 CO_2 热泵热水器产品。

图 2.5-12　都凌公司家用整体式　　　图 2.5-13　三电公司 CO_2
CO_2 热泵热水器　　　　　　　　　　　热泵热水器

4. 燃气热水炉/器

部分典型的燃气热水炉/器产品如下：

（1）美的集团推出了一系列的燃气供暖热水炉，包括欧洲至尊系列、欧洲先锋系列、欧洲典雅系列、欧洲睿智系列，如图 2.5-14 所示。其中，至尊系列采用全预混 360°燃烧技术，燃烧更充分，排放更低，有利于节能环保；采用不锈钢冷凝换热技术和直流无刷变频风机技术，最高能效可达 108%。先锋系列出水温度为 35~60℃，采用了烟气热回收利用技术，经两次换热后，壁挂炉最高效率可达 103%。典雅系列供暖水温最高可达 90℃，生活热水温度为 35~60℃。

（2）博世（Bosch）热力技术公司除生产燃气供暖热水炉系列产品外，其最新研发的"世恒系列"家用燃气热水器采用智能宽频恒温系统，根据冬、夏季节对水温的不同要求，通过手动水量控制，经济、环保、节能。

（3）德国 HEDDA（赫达）燃气热水器，引入清洁能源进行梯级加热以节约燃气（见图 2.5-15）。该热水供暖系统采用太阳能预加热，燃气热水器/燃气壁挂炉二次加热，实现了太阳能和燃气的梯级加热。而分户式的安装完全实现了按需使用，免去了辅助热源的费用。该系统中还有专为太阳能和燃气结合开发的 Solar kit，从根本上解决了热水忽冷忽热的问题，水温恒定。

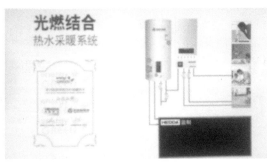

图 2.5-14　美的燃气供暖热水炉　　　图 2.5-15　HEDDA 光燃结合热水供暖系统

5. 换热机组、供暖末端及其辅助产品

（1）换热机组

换热机组是指实现集中供热的一次网热水向二次网热水传递热量及其自动控制设备。将传热设备与自动控制系统集成，形成系列化产品，可降低工程设计难度，提升供热设备的技术含量。北京哈瓦特、扬州派斯特、山东绿特、德州友信等企业均生产换热机组，其中，北京哈瓦特生产的全不锈钢工业换热机组（见图 2.5-16），可用于化妆品业和食品业的加热、冷却、杀菌和热回收功能。

（2）供热系统的分集水器

分集水器是供暖系统关键部件。德国菲索展出模块型分集水器可实现人工快速组装，无需焊接，同时可根据供热负荷和安装空间大小自由调节支管间距、供回水支管数（见图 2.5-17）。单组支管最大可达 20 支路，其可调节的支管连接角度消除了安装过程中产生的安装应力。据分析，该分集水器的应用将会大幅提高供暖系统的安装效率，缩短施工工期，降低安装成本。

图 2.5-16　全不锈钢
工业换热机组

图 2.5-17　德国菲索公司的供热
模块型分集水器

（3）低温供暖末端

JAGA 等生产的小温差辐射地板或地板送风末端（见图 2.5-18），由小型贯流风机或多个轴流无刷小风机和高效换热器组成，通过地板格栅送风，可以实现 30℃ 热水供暖，比地暖更短、响应快，利于节能，同时还具有布置方式更灵活、供热均匀、热舒适性高、外观美观大气等优点，是一种行之有效的小温差供暖末端。

图 2.5-18　低温供暖末端

2.5.3 未来展望

人民对美好生活的向往，就是我们的奋斗目标。随着我国大范围雾霾天气的出现以及南方供暖需求的日益迫切，同时，城镇化的不断进展和人民生活水平的提高对生活热水的需求也日益增加，因此，未来供热与热水设备及系统将会迎来更加广阔的市场空间。

从技术角度来看，低碳环保、节能高效、安全可靠仍是未来产品研发的方向。供热设备和供热末端要重点关注如何与低能耗和近零能耗建筑相适应；由于严寒和寒冷地区自来水温度偏低，该地域应用的热水器或系统应更好地关注洗浴废水的余热回收；能够适应严寒地区的高效低环境温度空气源热泵研发仍是企业关注的焦点；基于清洁能源和可再生能源的绿色节能的供热设备及集成系统的研发将会更加被重视。

从供热与热水设备参展数量来看，其明显比制冷空调设备、冷冻冷藏设备等主流展品少，且展品多数具有冷热共用的功能，供热锅炉相对较少。希望未来有更多的供热企业参展。

2.6 冷链设备及制冷系统配件

2.6.1 技术发展特点

这十年是中国冷链物流行业迅速发展的十年，行业市场从传统的冷冻冷藏（加工和贮藏）方面延伸到食品加工业的全过程，形成了一个全新的无缝化全程冷链概念，并且这个概念越来越得到全社会的认同。在这样的背景下，参加制冷展的冷链设备及制冷系统配件的厂家也越来越多，但是从历年的参展情况来看，冷链装备发展也存在"最先一公里"（果蔬产地预冷）与"最后一公里"（从市场到餐桌）较弱、中间节点较强但链条较弱的不均衡发展状态，即速冻装备、冷冻冷藏装备、销售末端装备发展好，但产地预冷环节、"最后一公里"以及冷链运输等环节存在不足。

从制冷剂的使用上来看，虽然仍以 R22 和 R404A 为主，但 CO_2 跨临界制冷机组正在向冷冻冷藏领域扩展。在自然工质的使用方面，CO_2 和 NH_3 系统技术更加成熟，实现了产业化，包括 CO_2 和 NH_3 的复叠系统和 CO_2 使用的载冷剂系统，CO_2 专用的 CO_2 冷风机、CO_2 速冻机、新型 NH_3 半封压缩机等，对于推进 CO_2 工质在低温系统中的使用起到了促进作用。另外，通过系统集成技术促使大型冷冻冷藏机组逐步模块化，有利于减少氨的充注量和提高系统的安全性。

在涉氨系统安全控制方面，通过"氨制冷系统的安全控制"系列技术讨论会，消除人们对氨制冷系统的认识误区，以及推广和普及氨制冷系统安全知识，使人们对氨制冷系统的认识有了进一步了解，这对于推广和发展氨制冷系统具有重要意义。

冷链装备的高效化一直是其发展的方向，如通过提高换热器效率、发展直流变频技术、装备控制技术的改进、保温材料的提升等，均取得了明显的进步。而冷链装备的系统功能集成化是制冷装置的一个重要发展趋势，可以提高装置的便携性，使冷冻冷藏系统朝模块化的方向发展。同时，随着大数据技术的发展，基于云管理平台的冷冻、冷藏能量管理系统将会得到进一步发展，从而提高冷冻冷藏的系统效率。

为了实现制冷系统的功能及节能环保的要求，冷链制冷系统的配件的发展方向为多样化、高效化、紧凑化。

换热器作为制冷系统的核心配件这一趋势更为明显。在液体冷却方面，板式换热器和套管式换热器为主要形式；在空气冷却方面，仍以翅片管式换热器为主，也出现了带肋片的冷排管，不同形式翅片、不同管径的换热器，乃至微通道蒸发器也逐渐受到重视并得到应用，蒸发式冷凝器也在展会上有更多展示；在材料方面，铜铝复合材料换热器、全铝换热器、钛合金换热器等不断涌现。这些变化趋势首先适应了强化换热的需求，其次换热器体积和容积的减小可有效降低材料成本和制冷剂使用量，再次适应了新型环保工质如 $R290$、CO_2 等在制冷系统中的应用。

在制冷系统阀件方面，丹佛斯、XDX、三花、盾安等知名品牌在膨胀阀和控制阀方面不断推出新型产品，如 NH_3、CO_2 等环保工质的电子膨胀阀以适应制冷系统的环保要求；而多功能组合阀等则可以简化制冷系统的设计和施工。

在风机方面，风机效率和噪声也越来越受到重视，其趋势是从交流向直流变频方向发展。

在冷却塔方面，出现了无风机冷却塔，以解决噪声问题，并且出现了带翅片的冷却塔通过夏季湿工况冬季干工况的匹配，以解决冬季冷却塔的结雾和结冰问题。

信息化是近年来根据用户需求所呈现的新发展趋势。通过运用物联网管理方式、从系统角度来控制冷链装备运行。制冷系统的各个部件不再是独立运行部分，而是通过网络相互关联，使低温制冷系统的制冷量更加精准，与实际负荷相一致，节能效率更高。具体方式为通过射频识别（RFID）、红外感应器、全球定位系统、激光扫描器等信息传感设备，按约定的协议，把任何物品与互联网连接起来，进行信息交换和通信，以实现智能化识别、定位、跟踪、监控和管理。冷链整个过程用物联网进行串接，对于保证整个冷链的无缝化连接和食品质量安全具有重要意义。

冷链设备展示发展历程如图 2.6-1 所示。

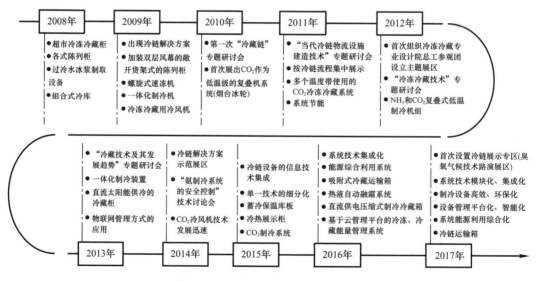

图 2.6-1　冷链设备展示发展历程

1. 冷加工装备

产地冷加工（预冷和速冻）是冷链的第一个环节，称之为"最先一公里"，其突出特点是快速冷却。果蔬冷加工率高，为后续的冷链流通过程奠定了基础，在一定程度上降低了果蔬流通腐损率。目前我国果蔬产后冷加工环节普遍缺失，大量缺乏产地专用预冷与速冻设备，影响了果蔬在流通过程中的品质。从历年展会来看，所展出的产地冷加工装备主要有流态冰装备、冲击式单冻机、螺旋式速冻机等设备。

流态冰由于具有较好的流动性和较高的放冷能力，在食品产地预冷、冷藏运输等方面将会有较广泛的用途，可以对短距离的冷藏运输进行弥补，实现有效的冷藏运输过程（见图 2.6-2）。

图 2.6-2　流态冰生产系统

2011 年展出的产地预冷设备主要是速冻设备，以螺旋式速冻机（见图 2.6-3）为主，也包括效率更高的冲击式单冻机，如烟台冰轮生产的单冻机产品（见图 2.6-4），适用于大小冻品的单体速冻或盘冻，采用独特技术的导风装置，可按不同要求调节风速，适用于多种不同食品快速冻结，设有下吹风装置，其热波动吹风方式可使冻结效率提高 20%～30%，缩短了冻结时间，避免了产品的冻结变形。

图 2.6-3　螺旋式速冻冻机

图 2.6-4　烟台冰轮生产的单冻机

2. 冷冻冷藏及冷藏运输设备

冷冻冷藏及冷藏运输为冷链的中间环节，主要设备形式有冷库、冷藏运输车、冷藏箱等，重点参展的为新工质类设备、集成化设备等。

（1）天然工质或低 GWP 工质类冷冻冷藏设备

目前制冷行业中使用的制冷剂多为 CFC（氯氟烃的统称）和 HCFC（氢氯氟烃），该类物质对臭氧层具有破坏作用并会产生温室效应。自《蒙特利尔议定书》和《京都议定书》签订以后，要求制冷剂应具有较低的 ODP 值和 GWP 值，且具有良好的安全性、经济性和热物性。

新型替代制冷剂主要包括人工合成型和天然型两大类。值得注意的是，采用天然制冷剂的制冷设备在制冷展上越来越多。CO_2 属于天然制冷剂，具有蒸发潜热较大、单位容积制冷量高、来源广泛、成本低廉、安全无毒、适应各种润滑油常用机械零部件材料等优点；其对应的压缩机及部件尺寸较小，容积效率相对较大，有很大的发展潜力。因此，以 CO_2 为制冷剂的压缩机、换热器等制冷配件以及 CO_2 亚临界制冷系统、CO_2 跨临界制冷系统、CO_2 冷柜等在历届制冷展上得到了集中展示，如图 2.6-5 所示。

图 2.6-5 采用 CO_2 为制冷工质的冷冻冷藏设备

烟台凝新制冷设备有限公司展出了利用 NH_3 和 CO_2 的复叠式低温制冷机组（见图 2.6-6）。CO_2 作为低温侧工质，蒸发温度为 $-40℃$，冷凝温度为 $-15℃$，制冷量达到 $150kW$；高温侧 NH_3 蒸发温度为 $-20℃$，冷凝温度为 $45℃$。

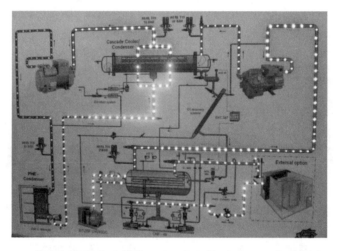

图 2.6-6 烟台凝新制冷设备有限公司参展的 CO_2/NH_3 复叠制冷原理图

目前，其他天然工质或低 GWP 类工质主要采用的是丙烷（R290）、丁烷（R600）和异丁烷（R600a）等。随着相关标准的出台，R290 的广泛应用指日可待，其生产厂家逐步增多，以 R290 作为制冷剂的相关制冷设备配件在制冷展上不断涌现，恩布拉科、泰康、思科普等一线厂商研发并展出了系列以 R290 为制冷剂的压缩机，如图 2.6-7 所示。

（2）集成化冷冻冷藏设备

2017 年展示会上小型一体机、移动式冷站及撬块机组快速发展，如图 2.6-8 所示。该类设备的最大特点就是将制冷部件组合在一起形成一种可移动设备或装置，具有安装方便、使用简单、应用灵活等诸多优点，是冷冻冷藏装置未来发展的重要方向。以科迪、科凌、美乐柯、恩布拉科等为代表的小型一体化制冷机组实现了即插即用功能，为冷链（尤其是产地预冷）的落地技术奠定了基础，但目前在冷量方面仍受到诸多限制；以捷盛为代表的一体化气调装置为气调保鲜技术的大力推广应用奠定了基础；而以雪人、大森、巨人机械为代表的制冷站设计，为中小型冷库采用自然工质提供了坚实的技术支持。

图 2.6-7　R290 制冷工质配套压缩机

（a）　　　　　　　　　　　　　　　　（b）

（c）　　　　　　　　　　　　　　　　（d）

图 2.6-8　集成化冷冻冷藏设备

（a）科迪冷库一体机；（b）恩布拉科；（c）美乐柯；（d）浙商机械

（3）冷藏运输设备

国内一些大型制冷设备生产商，如珠海格力等公司，凭借自身的技术和财力优势，直接投资于冷链设备技术含量高的冷藏车和冷藏集装箱，使冷藏车及冷藏集装箱制冷设备的国产化速度提升较快（见图 2.6-9）；同时也有一些国内其他参展商如东科公司，展出了冷藏车制冷系统的产品（见图 2.6-10）。

图 2.6-9　格力冷藏集装箱

图 2.6-10　东科冷藏车产品

图 2.6-11　思科普公司的直流供电冷藏箱

采用直流供电的压缩制冷冷藏箱为解决冷链的运输瓶颈提供了另外一种解决途径。思科普、瑞芸制冷、凌达等压缩机生产企业展出了直流驱动的压缩机或冷藏箱（见图 2.6-11），为便携式冷藏箱的研发提供了重要的基础条件。

直流压缩机冷藏配送箱以 12V 或 24V 直流电为能源，驱动小型压缩机维持适当低温环境（见图 2.6-12）。以深圳冰润为例，其冷藏运输箱可结合 GPS 定位和远程监控系统实时跟踪控制货物的保鲜配送情况，给物流企业提供了可定位、可操控、方便快捷的物流经营模式，解决困扰冷链物流"最后一公里"的难题。

图 2.6-12　直流压缩机冷藏配送箱

（4）终端冷藏展示销售设备

针对目前市场上陈列柜大多数为冷柜的现状，有公司展示了冷热陈列柜（见图 2.6-13），其主要工作方式就是通过将陈列柜分为两部分，下面部分为冷藏展示部分，冷量通过制冷系统获得；上部为加热展示部分，热量通过电加直接获得。这样做的一个最大的好处就是在一个柜体内可以同时提供冷热两种产品，满足不同人群的需要。

图 2.6-13　冷热展示柜

3. 高效、多样的制冷系统配件

（1）换热器

传统冷库主要为 NH_3 制冷系统，为了提高传热效率，冷排管采用了带翅片的设计（见图 2.6-14）。冷风机也逐渐得到应用，特别是其弯头为直接弯头，没有采用焊接弯头，减少了系统的泄漏风险（见图 2.6-15）。

图 2.6-14　带翅片的冷排管图

图 2.6-15　直弯冷风机

微通道换热器在传热与能效方面优势显著，特别是其内容积小，可大幅降低制冷剂使用量。以三花生产的微通道为代表，不仅将微通道换热器作为冷凝器，还通过翅片的特殊设计使冷凝水或融霜水排水顺畅，将其作为蒸发器（见图 2.6-16）

此外，采用异型管的换热器逐渐增多，如图 2.6-17 所示的烟台冰轮展出的异滴型盘管组蒸发式冷凝器，喷淋水极易在异滴型管的整个表面形成水膜，克服了椭圆管特别是圆

图 2.6-16　微通道蒸发器图

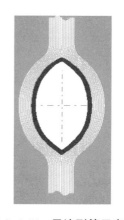

图 2.6-17　异滴型管示意图

管容易形成干点的缺点，其紧凑性及流动阻力均优于椭圆和圆管盘管组，换热效率高，实验表明，其换热效率比国家标准所规定的换热效率提高了 3～4 倍。

作为天然环保工质 CO_2，需要有较高的工作压力，可耐高压的 CO_2 板式换热器（见图 2.6-18）和 CO_2 微通道换热器（见图 2.6-19）技术逐渐成熟，为 CO_2 跨临界循环系统的发展提供了基础技术条件。

 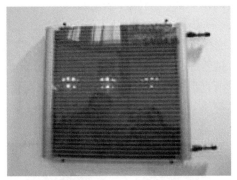

图 2.6-18　CO_2 板式换热器　　　　　图 2.6-19　CO_2 微通道换热器

在换热器材料方面，采用全铝的换热器产品越来越多，包括冷库用的蒸发器（见图 2.6-20），同时还有一些以金属钛为材料的换热器（见图 2.6-21），可以有效地解决防腐问题。

图 2.6-20　全铝换热器　　　　　　　图 2.6-21　钛管换热器

（2）阀件

丹佛斯展出了 ETS Colibri 系列电子膨胀阀产品（见图 2.6-22）。阀体的设计包括一个平衡式保持架组件和由步进电机直接驱动的滑块，采用紧凑型、同轴设计。Colibri 电子膨胀阀实现了全线性运行，在阀门开启或关闭的过程中，每一步的流量变化都是相同的，这就实现了简单、快捷的控制。

美国 XDX 公司的 XDX 制冷系统节能变流器（见图 2.6-23），安装于节流元件（膨胀阀）和蒸发器之间，利用制冷剂节流流动的动能，可改善蒸发器内两相制冷剂的流态，使蒸发排管截面内的上、下分布（层状流）改为旋流式的绕圆管周向分布（环状流），使液相和润滑油混合均匀，从而提高换热系数，并使蒸发器管外结霜均匀，可以节省除霜时间和提高除霜效果。据厂家介绍，该变流器可以适用于任何管径，并与常规氟利昂制冷剂及其混合物相兼容，采用此装置的节能率可达 15％。

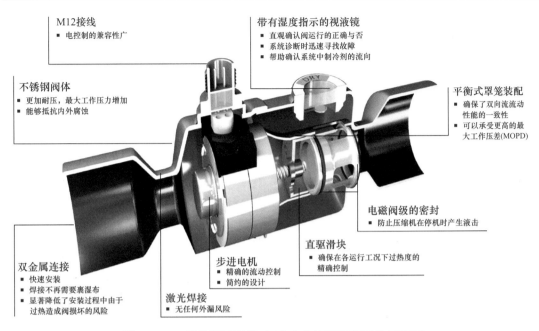

M12接线
- 电控制的兼容性广

带有湿度指示的视液镜
- 直观确认阀运行的正确与否
- 系统诊断时迅速寻找故障
- 帮助确认系统中制冷剂的流向

不锈钢阀体
- 更加耐压,最大工作压力增加
- 能够抵抗内外腐蚀

平衡式罩笼装配
- 确保了双向流流动性能的一致性
- 可以承受更高的最大工作压差(MOPD)

双金属连接
- 快速安装
- 焊接不再需要裹湿布
- 显著降低了安装过程中由于过热造成阀损坏的风险

步进电机
- 精确的流动控制
- 简约的设计

激光焊接
- 无任何外漏风险

电磁阀级的密封
- 防止压缩机在停机时产生液击

直驱滑块
- 确保在各运行工况下过热度的精确控制

图 2.6-22　丹佛斯展出的 Colibri 电子膨胀阀结构示意图

集成技术发展的另外一个重要表现就是制冷部件的集成(特别是阀门的组合),这方面主要由具有较强研发实力的大型企业推进。以丹佛斯 ICF 系列组合阀为例(见图 2.6-24),通常包含一个截止阀模块和一个过滤器模块,剩余安装端口可根据客户需求选择合适功能模块,包括电磁阀、电动阀、截止阀、调节阀、单向阀等。可用于液体管路、压缩机喷液冷却管路和热气管路。适用于 CO_2、NH_3、HFC/HCFC 制冷剂,可承受 52bar 压力。

图 2.6-23　XDX 节能变流器

采用焊接连接,结构紧凑且易于安装,可根据客户需求提供个性化应用配置方案,所采用的模块化结构设计理念在系统安装、日常维护及维修等方面为客户提供了更大的便捷,同时大幅节约安装时间及成本。

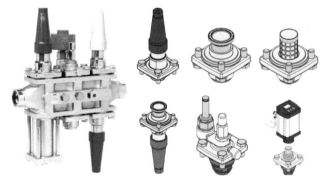

图 2.6-24　丹佛斯 ICF 组合阀及功能模块

（3）冷却塔

冷却塔运行时所形成的雾滴、噪声等都是污染环境的一个重要因素，如何解决雾滴和噪声问题是冷却塔技术发展的一个重点。良机公司展出了一种新型的无风冷却塔（见图 2.6-25），较好地解决了提高冷却塔换热效率和降低噪声的矛盾。它利用高速流动的流体的动能带动空气流动，空气在流动过程中完成与高速流动水幕的热交换，从而使水温下降，高速流动的水雾通过增压形成水滴，在挡水板的作用下回到集水池。

图 2.6-25　无风冷却塔

4. 制冷系统管理的平台化、智能化

信息技术集成于冷链设备，用于瞬时监控冷链设备的运行，从而保证贮藏产品的安全，是冷链设备的重要发展趋势。在 2015 年的展会中，这种技术得到了发展，如有的厂家推出了全球第一台智能冷冻机组（见图 2.6-26）。从技术上融合了大数据管理、远程数据传输、自动控制、可视化软件等信息技术，使得冷冻冷藏设备可以实现由制造商而不是使用商来管理，这样做的好处是更有利于设备的安全使用、维修和管理。在展会上还有一些厂家推出了冷链远程监控方案等其他集成技术系统、冷库集成控制系统等。

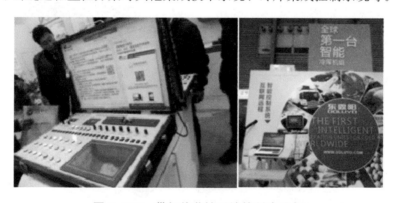

图 2.6-26　带智能监控系统的制冷设备

互联网技术、移动互联网技术和大数据技术的发展为制冷装置及冷库的智能化管理提供了技术基础，因此多个厂家发布了制冷装置及运行的云管理平台。典型代表有武汉同共温控技术有限公司的智能云控、精创冷云管理平台和基于该平台的传统冷库联网升级解决方案、冰山集团的制冷和系统能源管理平台、烟台冰轮集团的制冷系统管理平台（见图 2.6-27）。这种云平台的管理方式将使设备的运行管理权从用户手中转移到设备制造商。

设备制造商通过对用户冷库使用,可以积累大量关于冷库使用的习惯,为用户提供冷库运行的策略,从而帮助用户提高冷库的运行效率。

(*a*) (*b*)

图 2.6-27 代表性的云管理平台

(*a*) 大连冰山的云管理平台;(*b*) 精创公司的云管理平台

2.6.2 未来展望

冷链领域的实际需求是促进设备技术的发展原动力,不同需求正推动着冷链装备相关各方的快速发展。特别是在十九大的报告中指出,食品安全(供应安全和质量安全)、扶贫及环保是实现"双百"目标中最需要解决的问题。目前随着国家关于冷链发展的政策密集出台,各省市也出台了相应的冷链发展政策,到目前为止已经有 17 个省市发布了相关的冷链物流政策。这些政策的实施,促进了冷链物流行业的发展。结合我国现有的农业生产体系、环保体系和制冷低温技术体系,以下几个方面有可能是未来一段时期内冷链设备发展的重要方向:

1. 高效节能的全程冷链装备

冷链设备的能耗是增加食品冷链物流成本的重要因素,因此,高效节能的全程冷链装备是降低冷链物流能耗、降低冷链物流成本最为迫切的需求。

首先,开发高效节能的全程冷链装备需要新型制冷方式/制冷循环的研究、制冷系统的优化匹配、高性能部件的研发、先进保温材料的开发。

其次,开发高效节能的全程冷链装备需要因地制宜的蓄能技术的研究和新型高蓄能密度的蓄能材料的开发。

再次,开发高效节能的全程冷链装备需要与可再生能源利用技术紧密结合,如寒冷地区自然冷能的利用,太阳能、风能的利用。特别是随着生鲜物流的迅速发展,可再生能源在冷链配送"最后一公里"装备上的应用也成为可能,如直流太阳能供冷的冷藏柜,采用光电转换装置将太阳能转化为电流,提供直流电为冷藏柜提供能源,为冷链提供了一种新的选择。

整个冷链行业相关的主管部门也正在进行广泛调研和技术研究,拟通过冷链装备能效指标等相关标准并制定配套的鼓励和优惠政策,推动冷链装备行业能效水平的提高。

2. 安全环保的全程冷链装备

环保制冷剂替代传统 CFC(氯氟烃)和 HCFC(氢氯氟烃)制冷剂是大势所趋,已有诸多采用环保制冷剂的冷链设备参展。在大型冷冻冷藏装备中氨、CO_2 等自然环保工质已有成熟的应用，在小型冷冻冷藏设备中 R290、R32 等环保工质也正在替代传统的 R22 等工质。对于上述环保工质一般都具有一定的安全隐患，如 NH_3 有毒且可燃，R290 和 R32 可燃，CO_2 工作压力高等。一方面，需要通过制冷系统的优化降低制冷剂的使用量，以降低制冷剂泄漏的风险，如采用复叠式制冷系统、载冷系统、模块化机组等系统形式以及小管径蒸发器等技术；另一方面，需要加强制冷剂系统泄漏监测技术、泄漏应急处理技术等研究。通过强化制冷系统的设计和运行规范，为环保制冷剂的安全应用保驾护航。

3. 智能精准的全程冷链装备

冷链装备的根本目的是为了保持果蔬、食品的品质，保证其商品价值，因此与不同果蔬、食品的冷加工（预冷或速冻）、冷冻冷藏、冷藏运输、终端销售等全程冷链各个环节的工艺需求相结合并能实现精准控制的全程冷链装备是未来的发展趋势之一。

首先，需要开展不同果蔬、食品在全程冷链各个环节下的品质变化规律，获取其在全程冷链各个环节下对温度、湿度、气体组分等的需求，以保证其品质，研发不同果蔬、食品的全程冷链工艺包，以实现对食品品质的智能精准控制。

其次，要研制智能化高、可调节的制冷装备，需要更多的制冷控制部件和系统形式，如可变容量压缩机、膨胀阀、控制阀、变频风机等，构建制冷量高效可调节的制冷系统，以实现对食品所需温湿度环境的智能精准控制。

再次，传统的冷冻冷藏设备的功能单一，往往只有低温功能，这并不能保证食品品质。随着人们对各种物理场的认识，冷链物流低温装备中添加一定的物理场，如磁场、超声波、高压、光场等，将有利于贮藏食品品质的提高。这些技术的基础研究在高等院校和相关研究所已经开展并有一定的基础，随着技术的产业化转移，这些技术也将得到一定的应用。

4. 基于云平台和大数据分析的全程

云平台的应用已在冷冻冷藏领域出现，但现阶段主要是将各传感器参数网络传输存储，云平台的功能潜力尚未充分发掘，诸多功能将基于云平台的大数据技术陆续得到开发和应用，包括冷链物流装备的运行数据无间断检测、安全预警、故障判断等，全程冷链物流过程中食品品质的监测、食品品质和货架期预测、食品品质全程追溯体系等。

5. 基础研究支撑的全程冷链装备

未来将从基础研究、关键技术、核心部件、装备研发与应用等层面开展全程冷链技术研究，提升冷链装备的科技含量和节能环保安全水平：

（1）在基础研究层面，开展易腐食品与不同冷却介质的传热传质、易腐食品品质与冷藏储运环境、环保制冷工质热物性及热力循环、冷链装备中换热器的热质传递、冷冻冷藏用蓄冷材料及其物性等方面的研究，为冷链装备关键技术和冷链装备开发奠定理论基础。

（2）在关键技术层面，开展易腐食品品质控制技术、典型易腐食品预冷/速冻/冷藏储运工艺、低温环境强化换热技术、深冷混合工质节流制冷技术、R22 替代环保混合工质制冷技术、无级变容量制冷技术、压缩/喷射制冷技术、直线压缩机技术、冷链装备中可再生能源应用技术的深入研究，突破制约冷链装备技术发展的瓶颈，取得一批具有自主知识产权的核心技术。

（3）针对节能、环保、安全需求的核心部件研发，开展针对传统制冷剂和新型环保制冷剂的低充注量高效低温换热器、安全性和调节性以及流通性更好的膨胀阀和控制阀、高效低噪声风机等新型核心部件的研究，为开发低能耗、低排放、高安全的制冷系统奠定基础。

（4）在装备研发和应用层面，开展高品质低能耗速冻设备、高效低成本果蔬预冷设备、超低温冷藏设备、环保制冷剂制冷机组、压缩/喷射制冷多温区冷藏运输设备、便携式冷藏设备、可再生能源驱动冷链装备的研制工作，并开展示范应用和批量化生产，降低装备制造成本，从而引领冷链装备沿着高效、环保、精准的方向可持续健康发展。

第3章 从中国制冷展看产业发展

中国制冷展三十年成长，经历了从无到有，由小到大，从简单的产品展示发展成为融产品展示、主题报告会、专题研讨会等学术交流于一体的国际行业盛会，走过了艰苦的历程。特别是近十年来的中国制冷展更是精彩纷呈，已成为交流技术、宣传理念、激发创新、引导前沿的行业风向标，更是倡导环境保护、节能减排，推动健康环境、食品安全，重视智能控制、人才培养，弘扬工业化文化和工匠精神的大平台。中国制冷展三十年来的发展也反映了中国制冷空调产业由弱变强的发展进程。

3.1 环境保护的领头羊

保护环境、呵护蓝天一直是制冷空调行业的主题。然而臭氧层的破坏已成为人类社会共同面临的主要环境问题，也为制冷空调行业发展带来了巨大的挑战。

我国是制冷、空调、暖通设备的生产和消费大国，加速推进制冷剂的替代迫在眉睫。我国政府高度重视臭氧层保护工作，并于1991年正式加入《关于消耗臭氧层物质的蒙特利尔议定书》，积极履行大国义务。2007年7月1日实现了CFCs消费的完全淘汰，取得了履约工作的阶段性成果。根据《京都议定书》和《蒙特利尔议定书》的规定，我国到2030年除了维修用途保留少量的HCFCs外，将实现全面淘汰。我国制冷空调行业正全力研发HCFCs的替代技术，这将是一项长期、艰巨的任务，但研发HCFCs的替代技术也将使我国乃至全球的环境和经济双重受益。

1. 重视采用环保制冷剂的制冷系统研发

从2008年的展品就可以看出，各压缩机企业和自动控制阀件企业已经瞄准制冷剂替代这一主战场，已开展研发新型制冷剂的压缩机和控制阀件。展出了采用R134a和R600a的家用制冷器具用压缩机，房间空调器用R410A压缩机，面向热泵热水器的跨临界循环用和面向食品冷藏行业复叠式制冷亚临界循环用 CO_2 压缩机；为了保障产业发展的连续性，还展出了R134a、R22及R404A兼用的冷冻冷藏用压缩机；随后，在2009年的展品中出现了碳氢制冷剂（R290）应用于空调器的发展趋势。

十年来，各参展企业也在大力发展与环保制冷剂（零ODP，低GWP）有关的压缩机技术及辅助配件技术，制冷剂多采用R32、R290、R134a、R410A、HFO、CO_2、NH_3等。此外，国内外厂商对于新型制冷剂的研发脚步也在加快，如霍尼韦尔、杜邦公司、欧特昂、烟台冰轮、上海日立、濮阳市中炜精细化工有限公司、中化蓝天、汉钟、山东东岳、金来尔制冷化工有限公司等，每年均有新型环保制冷剂投入市场。与之配套的润滑油和制冷系统关键部件也都出现在展会上。

2. 组织国际会议，研讨制冷剂的发展方向

自2012年开始，中国制冷空调工业协会与联合国环境规划署（UN Environment）合作，每年利用中国制冷展这个行业大平台连续举办了"臭氧与气候技术路演及行业圆桌会议"。邀请了中国、美国、日本等国家的政府主管环境保护的项目官员，以及 UN Environment、CRAA、ICARHMA、ASHRAE、AHRI 等来自国际组织的专家和代表到会发言，就目前国际上最新的制冷剂替代政策、替代进程、环境友好型替代技术、研究成果和发展趋势等议题开展全方位的交流和研讨。

中国制冷展组委会对此国际顶尖技术交流活动给予了大力支持，还专门开辟了大面积的免费展厅，用于展示零 ODP、低 GWP 值、高效节能、绿色环保的替代技术进展、替代品（如 R290、R32、CO_2、NH_3 等）、冷媒替代整体解决方案等成果。格力、大金、盾安、武汉新世界、三洋、东岳、冰轮、天加等知名企业展出了相关产品，体现了"同一个世界，不同的声音、共同的目标"的行业发展愿景。

持续的全球冷媒替代技术路演及圆桌会议活动促使行业内相互分享经验和彼此促进，对于大家了解制冷剂替代进展、掌握国际动态、推进我国环保制冷剂的应用发展具有重要的指导意义。

从自然工质的应用、新型环保制冷剂的研发生产，到采用环保制冷剂的新技术、新产品，都有力地推动了我国制冷剂替代工作的进行，充分展现了我国制冷空调行业、相关企业和科研机构的环保理念以及社会责任感。

3.2　节能减排的排头兵

随着经济的飞速发展，我国开始面临资源紧缺的严峻形势，城市化进程必须要体现科学、可持续的发展观，将节能降耗作为转变经济发展方式的重要抓手，推动资源节约型经济社会的发展。制冷空调行业总体规模不大，但其作用很大，惠及千家万户、惠及各行各业，且制冷空调的运行能耗在国家总消耗中占的比例不低，面临巨大挑战。在此基础上，行业要变挑战为机遇，需要在高效、节能上下功夫。

1. 直流驱动、变频调速等高效变容量技术得到快速发展

随着制冷设备的季节能效评价体系的完善，制冷空调系统的变容技术得到快速发展。压缩机、水泵、风机的变转速、变容量调节是实现部分负荷性能的重要途径；同时，利用直流电机提高电机效率，从而提高全工况运行性能。无论是大型设备与系统、中小容量的多联机系统，还是容量更小的房间空调器，已普遍采用直流调速技术，极大地提高了设备的部分负荷性能，大幅度提高了机组的 *IPLV* 和季节能效比 *SEER*。目前变频调速与其他变容调节技术已成为制冷空调设备的常规技术，极大地推动了整个行业的技术发展。

2. 更多新方案、新技术、新系统不断得到实践，加速节能减排步伐

从制冷展上可以看出，我国近十年来制冷空调产业在节能减排中取得了实质性进步，许多新方案、新技术、新系统逐渐登场，并进入行业的主战场。比如，温湿度独立控制空调系统从单一的形式逐渐发展，其产品种类不断丰富，系统形式也越来越多；此前主要依靠制冷机组进行全年降温的数据中心制冷系统，逐渐发展出大量不同类型的全年高效机组，包括：各种自然冷却与机械制冷相结合的节能技术，热虹吸与蒸气压缩复合制冷设备，采用间接蒸发冷却技术的降温设备，采用蒸发式冷凝器和自然冷却相结合的全年制冷机组；在集中供热领域，基于吸收式热泵技术的吸收式换热机组以及利用余热的各种吸收式热泵机组；采用磁悬浮轴承的无油润滑冷水机组，大型直驱离心式冷水机组等技术和产品，通过高效运行、余热和自然能源利用、降低输配能耗等措施，全面推进制冷空调行业节能减排技术的进步。

3. "煤改清洁能源"需求，推动了空气源热泵的技术进程

北方地区供热能耗巨大，对环境的污染也不容忽视，因此需要创新出高效的、对环境污染小的建筑供暖方式。在 2008 年和 2009 年两年的展会中展出的热泵产品主要以地源热泵和水源热泵为主，而自 2010 年起，应用于北方地区"煤改清洁能源"的空气源热泵则逐年增多。与传统的集中供热以及家用壁挂炉相比，空气源热泵在一次能源利用效率 COP、控制灵活度以及维护方面都具有明显的优势，特别适用于北方村镇建筑的供暖需求。经过十年的发展，空气源热泵的性能越来越完善，并且通过技术革新，已经解决了低环境温度空气源热泵的性能问题，出现了准双级压缩、双级压缩、三级压缩、双级耦合、复叠式等热泵循环和机组，并逐渐完善北方地区空气源热泵的高效除霜问题。

另一方面，近十年来，吸收式热泵技术在北方集中供热和余热利用领域得到广泛应用。特别是实现大温差输送热水的吸收式换热机组近年来在北方地区热电联产系统中得到推广应用；基于第一类和第二类吸收式热泵在余热利用领域取得实质性进展，第一类吸收式热泵可大量回收工业废热，第二类吸收式热泵可将低品位热能的温度提升，继续用于工艺过程。这些吸收式热泵设备，采用水为制冷剂，具有绿色环保的特点，且节能效果显著，故得到行业的高度认同，相关企业也陆续推出相关产品，为供暖产业和设备的余热利用产业开辟了一片新的天地。

4. 热回收技术进步显著

热回收技术是建筑节能的重要技术。近些年，从空调系统的新、排风热回收、制冷系统的冷凝热回收，到工业余热以及锅炉烟气余热回收等方面都取得了长足进步。例如，各企业几乎都有制冷系统的冷凝热回收技术和产品展出，包括大型的离心式、螺杆式冷水机组，中小型多联机以及单元式空调机都大量引入了冷凝热回收技术，在制冷的同时为用户提供生活热水；另一类热回收技术是集中在新、排风的能量回收上，出现了各种各样的显热和全热回收机组，从家用的全热回收机到数万立方米每小时的商用和工业用显热与全热回收机组都有展出，并且贯穿各型产品中。此外，采用喷淋式全热回收、基于直燃型吸收式热泵机组等技术途径的热电联产系统、集中供热锅炉的烟气热回收系统逐渐得到推广应用。

这些技术的应用，有效降低了空调负荷，实现了能源综合与梯级利用，为节能减排做出了重要贡献。节能减排是制冷空调行业的进军令，为了早日实现蓝天工程，给子孙后代留下碧水蓝天，全行业都在脚踏实地，奉献智慧，并跨越创新。

3.3　健康环境的创造者

随着科技的发展和人民生活水平的日益提高，人们对于室内环境的健康化、智能化和高品质化都提出了更高的要求。

能源与环境是关系到全球可持续发展的重要问题，针对世界范围内应对环境污染和治理雾霾的严峻挑战，人们也越来越关注建筑室内环境的空气品质问题。近年来，我国对治理大气污染、治理雾霾的呼声越来越高、力度越来越大。大量的统计数据和实验数据说明，$PM_{2.5}$不仅影响人类身体健康，也是形成环境污染的重要因素。在室外持续雾霾和室内多种污染情况下，室内空气品质的保障已成为社会各界关注的热点。一方面，国家出台了系列法规，严格限制燃煤供暖，大力推进"煤改清洁能源"供暖技术，空气源热泵首当其冲。另一方面，国内外企业也在为改善室内环境、控制污染物排放提出了多种技术方案。

1. 研发空气净化技术，改善室内空气品质

在空气处理设备中，除温湿度控制外，空气洁净度的控制也逐渐成为空调企业关注的重要研发方向，新风和净化系列产品已成为最近几年制冷展的一个重要展示部分。

企业针对人们关注的室内 $PM_{2.5}$、PM_{10} 的净化等问题，研发出各种类型的空气净化器，为室内清洁环境的营造提供了重要保障。这些室内空气净化器产品集成了等离子、活性炭、HEPA 等模块，实现对室内空气中 VOCs、细菌、异味的降低或去除，在追求净化功能的同时，也注重外观结构的美观设计，产品的简洁流线型外观可带来更好的用户体验。

2. 各类新风系统，助力室内空气品质的改善

雾霾天气同时催生了住宅新风系统并导致其在近几年快速发展。各届展会都能看到很多企业为住宅建筑提供了新风设备以及系统解决方案。在强调过滤效率、热回收效率的基础上，逐渐发展到强调更为全面的室内环境控制。很多新风系统具有除尘、热回收、加湿、除湿、回风/新风比调节等多种功能；有些新风系统已经逐步发展成为具有新风、回风、排风热回收、温湿度处理和空气净化的小型化家用全空气空调系统。

针对雾霾天气的高效净化新风产品大量出现，很多企业针对家庭和学校等不同应用场所，研发了挂壁式、吊顶式、柜式等形式多样、具有不同特点的新风机组或系统，如海顿新风采用 ESP 静电积尘箱加 HEPA 高效滤网、赛菲新风采用等离子加驻极体高效滤网；热回收核心采用的技术也有不同，如海顿新风采用亲水铝材作为热回收芯体，而赛菲新风采用的是高分子热交换渗透膜。新风热回收加净化产品的百花齐放，反映了雾霾天气频发的大背景下，人们对清洁节能新风的需求，也反映了目前新风市场的活跃。由于新风热回收部件和净化组件的阻力较大，导致风机能耗较大，对实际运行不利，且净化中容易产生二次污染问题，企业仍需进一步研发具有低阻力特性、避免二次污染的高效新风净化系统。

3. 推进燃煤替代技术，减少污染源的产生

鉴于北方地区燃煤锅炉是 $PM_{2.5}$、PM_{10} 的重要来源之一，北方很多地区开始了锅炉的替代和技术升级工作。针对这一紧迫而巨大的市场需求，很多企业开始重点发展低环境温度空气源热泵技术，从双级压缩循环、准双级压缩循环以及复叠式循环热泵机组的推出，到供暖末端设备的研发，都投入了巨大的人力、财力和物力，有效推动了低温空气源热泵技术的发展。采用空气源热泵实现北方地区的供暖和各地生活热水的制备，有利于降低 CO_2、$PM_{2.5}$、PM_{10} 的排放，对于治理大气雾霾、恢复"蓝天碧海"具有重要意义。

3.4 食品安全的守护神

随着国民经济的发展和人们生活水平的提高，制冷设备应用的一个重要场合就是食品冷链。"冷链"是指在低温环境下对易腐蚀食品等进行生产、贮藏、运输和销售的物流管理系统。它是以食品的冷藏工艺学为基础，以制冷技术为手段，以加工、贮运、供销全过程为对象，最大限度地保证产品质量、减少产品损耗的一项系统过程。

1. 食品冷藏技术稳步推进并逐步完善

冷冻冷藏作为我国制冷行业未来发展的重要方向之一，正在稳步发展，在过去的十年展会中，也得到了充分的重视。2008～2012年，展品包括了整个冷链体系中的大部分设备以及相关的辅助部件，如超市用食品冷冻冷藏柜、速冻设备、制冰机、冷饮机和冰淇淋机、组合式冷库和冷库门、冷风机和送风管以及中大型冷冻冷藏设备配用的压缩冷凝机组、交通工具用制冷机组和其他配件等。

经过2011～2012年两年的培育，到2013年，从展品和技术上看到了一些重要的冷链技术关键设备取得了较大的技术进展，同时对产业链中的一些重要技术问题提出了相应的解决方法。但展出的设备及装置以单一设备为主，缺少产地相关设备和运输设备，还没有形成"链"的概念。

为了推动食品冷藏链的进一步发展，2014年在展会上设立了冷链物流设备的集成区，通过精心的展位设置，以体现冷链设备无缝性连接理念。从展示的产品中可以看出，冷冻冷藏设备正朝多元化、节能创新、系统安全等方向发展。从2015年展会看，冷冻冷藏设备正在朝系统集成、单一技术细分等方向发展，展出了蓄冷保温库板、冷热展示柜、CO_2制冷系统等特色技术；随着冷藏链领域"互联网＋"概念的提出和发展，2016年冷冻冷藏设备向系统技术集成化、管理信息化、系统能源综合利用等方向发展，展出了吸附式冷藏运输箱、热液自动融霜系统以及直流供电压缩式制冷冷藏箱等特色技术。从2017年展出的产品和技术来看，冷冻冷藏设备正在向系统技术集成化、环保化、管理智能化以及系统能源利用综合化等方向稳步发展。

2. 着力培育食品安全理念，推动冷链技术

冷藏链技术是保证食品安全和食品品质的重要途径。为了强化食品安全理念，宣传和推广食品冷藏链技术的发展，中国制冷展组委会和专家委员会，进行了精心的布局和展商的培育。过去十年展会中，有三次邀请行业专家做相关主题报告，有5年都设立了冷冻冷藏技术相关主题的专题研讨会，通过这些主题报告和专题研讨会，阐述食品安全的重要性和未来食品贮藏及运输技术的发展趋势，并结合各种新技术和新产品的展示，进行学术研讨和交流。

为了强化冷藏链产业是一个"产业链"的概念，在2011年的展会上，组委会专门开辟了冷链物流示范展区，通过对冷链设备的集中展示，有利于推广冷链知识，增大冷链设备相应的市场，并在2012年的展会上进一步通过冷链解决方案示范区，采用图板和实物相结合的形式，向观众全面反映肉类加工、储藏、运输、营销到家庭冰箱的整个流程，向企业和观展人员宣传、推广冷藏链的知识体系。

为提高企业的积极性，中国制冷展组委会从2012年开始，组织"中国制冷展冷冻冷藏业总工观摩团"，在全国范围内邀请从事冷冻冷藏专业设计和工程施工单位的总工，组织参观重点制冷展商并进行交流讨论，并参与冷冻冷藏技术相关专题研讨会的讨论，以期推动整个食品冷藏链产业的快速发展和技术进步。

3. 冷链技术正在向技术集成化、管理信息化、能源综合利用方向发展

冷藏链技术是制冷技术的重要组成部分，也是中国制冷展展出的重要内容。我国冷藏链技术虽然尚处于发展阶段，但仍有很多单项技术取得了实质性的突破。

国内相关企业大力推进了系统集成技术的发展，如：小型一体机的快速发展、移动式冷站等设备；针对冷藏链设备的功能和用户使用特点，建立基于云平台的管理模式，以确保食品冷链安全；根据食品加工工艺特点，注重能量综合利用技术，研发了许多针对工艺需求的冷热综合利用设备和系统。例如：烟台冰轮与西安交通大学联合开发的新型宽温区高效制冷供热耦合集成系统，突破了 CO_2 压缩机和冷风机制造技术瓶颈，攻克了能源梯级利用等核心技术，集成了天然工质低温制冷、高温制热、谷电蓄热、微压蒸汽及蒸气增压等系统于一体，实现了宽广温区范围内（$-50 \sim 160℃$）高效环保的制冷与制热，冷热联供，水气同制，为肉联厂等食品加工企业提供了高效的冷热量供应成套技术。

4. 我国尚需加倍努力，推动冷链技术的整体发展

冷冻冷藏设备及相关部件的发展是驱动制冷行业下一步发展的动力，因此，基于我国生鲜产品模式的冷链设备研发是当前冷冻冷藏行业需要解决的重点问题。目前，我国的冷链设备不同环节使用状况存在明显差异，在产地以个体户所需要的小型设备为主，进入流通领域后以大型设备为主，进入消费领域后则以单体或中小型设备为主。然而，我国小型设备的发展水平参差不齐，为此国家在"十三五"期间设立了重点研发专项，拟重点解决一批落地化冷链装置的关键技术问题，针对用于产地侧个体农户所需要的小型设备、流通领域的大中型设备、消费领域的单体小型设备，解决其性能提升和品质优化问题，并构建冷链技术的系列标准体系，以确保我国冷链技术的健康发展。

3.5　智能控制的推动者

十年展会反映出制冷空调系统智能控制技术的不断进步，除了单体设备自动控制水平的提高外，特别是在互联网、物联网技术快速发展的十年里，制冷空调系统、物流管理系统的智能控制水平都取得了长足进步。

1. 家用空调深度融入家庭物联网，打造智能家居中心

"互联网＋"的浪潮已经席卷所有行业，包括空调制冷设备制造企业。如何将"大数据"和"云计算"融入自己的产品，已经成为各个设备厂商产品创新的一个重要方向。近年来，各个空调设备研发企业极力争取与物联网、大数据分析等新兴技术的融合，争取占领技术制高点，带动企业的发展。如：空调器可准确进行人机对话、人像识别、个人舒适区判断等。

众多自控企业也以此为契机，深度涉入家电控制领域，研究家用电器集成控制，打造智能家居中心。如：西门子凭借自己在楼宇自控领域的领先优势，研发出 GAMMA 智能家居中心系统，通过两芯总线将家居里的各种用电设备连接成一个能够相互通信、灵活控制与实时状态反馈的网络，可对灯光、窗帘、室内温度、湿度和空气质量等进行检测、显示和控制；海尔推出的"魔盒"智能家居中心，可对家里的空调、新风机、净化器、灯光、音响和地暖等进行联合控制。此外，格力、美的、奥克斯等均推出类似功能的智能家居系统。

2. 依托大数据平台，加强冷链物流管理

随着计算机技术的发展，特别是大数据的发展，对冷链物流过程中的制冷装置及冷库的管理提供了智能化管理方式，如艾默生、精创、冰山等企业都建成了制冷装置及其运行管理云平台，通过云平台管理方式将设备的运行管理权从用户手中转移到设备制造商。设备制造商根据跟踪用户对冷库的使用方式，积累大量关于冷库使用信息，为用户提供冷库运行策略，从而帮助用户提高冷库的运行效率；通过云平台和食品品质管理体系，管理食品的流向和品质，为向人们提供健康、安全的食品提供了重要的技术支撑。

3. 暖通空调智能控制水平显著提升

楼宇自动化控制系统可优化运行状态，提高设备效率，更好地实现兼顾舒适与节能的目标，已在发达国家有很多应用，但在我国的应用还处于起步阶段。随着经济的发展，人们对建筑智能化和建筑节能的要求日益提高，楼宇控制系统将会在我国得到大面积的推广应用。

近年来我国企业紧密跟踪国际先进技术，诸多企业已在展会上展出了自主研发的包含暖通空调控制系统的楼宇智能控制系统及关键控制设备。如：和欣的楼宇自控系统、智能照明系统、客房控制系统、能量计量收费系统和 VAV 及联网风机盘管控制系统；海林研发的建筑能源监测及节能控制系统、中央空调计费系统、无线网络温控器监控系统、舒适家居系统；亿林物联的设备控制与能耗监测系统、智能供暖解决方案、智能楼宇管理平台；高标物联以新风与净化为主题推出的智能化新风净化系统、楼宇大厦新风净化 & 空调一体化云控系统、1 教育局—N 个校园新风净化云控监测系统等。除功能和能效管理外，很多企业开始关注系统的服务对象，例如在空调系统中把人作为关注焦点，以提高人员舒适性作为技术发展热点，如控制人员区温度、精确送风和减小冷风直吹等。

这些基于物联网的智能控制技术和产品已在我国大量的实际工程中得以应用，推动了我国暖通空调系统控制水平的提升，具有广阔的发展潜力和应用前景。

3.6 人才培养的助推器

中国制冷展是产业人才培养、激发创新的重要场所。中国制冷展组委会和技术委员会在每年的展会上都设置了主题报告会和大量的专题研讨会、技术交流会，为产业人才的培养提供了良好条件，彰显了主办方的社会责任。

1. 组织高层次观展队伍，传道授业

每年展会，中国制冷展组委会都组织全国设计院、房地产商以及冷冻冷藏等总工论坛，通过他们的讲座，与制造商、地产商与展商和设计师、冷冻冷藏设计师与产品供应商面对面的交流，了解当前世界制冷空调领域的最新产品、最新技术及最新理念，强化房地产产业在可持续发展建筑、生态建筑、回归大自然建筑、节能环保建筑的设计思想，强化产品供应商对食品安全的重视程度，明确房地产产业和冷冻冷藏产业对节能产品的具体需求。搭建了"产"与"需"的对话平台，增加年轻设计师、产品研发工程师和产品应用工程师与多位国内外一流专家的交流、学习机会，提升他们的前瞻意识和创新思维。同时也为产、学、研、用的紧密合作创造条件。

2. 重视后继人才培养，激发创新动力

大专院校的专业学生是行业的后备人才和未来的主导者，为加速未来人才的培养，中国制冷展组委会不仅用专车接送观展师生，还专门开辟会场举办了多场与人才培养有关的交流会。

无论在上海，还是在北京，在展会期间，均为开设有制冷及低温工程、建筑环境与设备工程专业的周边省市的高校师生，安排了免费大巴专程接送，并提供免费午餐，为学生看展览、听报告、现场学习提供了方便。学生们在展会期间可结合展品和技术交流会的内容，深刻理解所学知识，并了解技术的发展方向，为今后的发展奠定基础。

中国制冷展组委会专门开设了关于产业人才培养的教学研讨会，展会期间召开中国制冷行业大学生科技竞赛启动仪式及新闻发布会、CAR-ASHRAE 学生设计竞赛颁奖典礼等专门为学生服务的活动；还在展会上发布《中国制冷行业战略发展研究报告》、《中国制冷空调产业发展白皮书》等行业发展报告。这些专门为后备人才培养的展会内容已成为中国制冷展的重要特色。因此，中国制冷展已成为大学生了解行业发展、获取最新知识、倾听社会热点的第二课堂，已成为暖通空调专业人才培养的重要平台。

3. 重视运维管理，加强人才培养体系完善

良好的运行维护管理是挖掘系统运行节能潜力的重要环节，是在设备系统出现故障前就能预测可能出现故障并提前采取措施避免故障发生。因此，运维管理的重要性不言而喻。完善运维管理，需要合理组织人员构架、科学设计管理方式、及时进行技术培训，使运维管理技术人员能够对常见的系统故障、主要存在的系统问题有清晰、直接的认识和判断。然而，我国现阶段的运维管理还存在很多问题，如一些设备与系统管理人员并不是具有良好专业素养的技术人员，导致无法根据环境工况和室内需求对设备与系统进行有效的调试，无法提出节能运行措施，甚至无法及时发现系统故障。

中国制冷展十分重视设备与系统的运维管理工作，在专家委员会主任吴德绳教授的倡导下，自 2014 年开始，在中国制冷展期间开设"制冷空调运行、管理和维护人才培养"专题研讨会，首届研讨会由吴德绳教授主持，邀请了行业专家、设备用户、运行管理专家和运维人才培养高校的教师参加，研讨运维管理技术和人才培养途径。

为强化运维管理及其人才培养的重要性，2017 年，中国制冷展组委会还在 CAR-ASHRAE Workshop High Performance Building（CAR-ASHRAE 高性能建筑工作组）的专题研讨会中，安排了半天时间研讨制冷空调系统的运维管理问题，中美专家对相关的技术问题、人才培养、管理模式等进行了深入的交流。对此，中国制冷学会专业水平认证工作委员会还组织了多位专家与 ASHRAE 的领导进行了交流，研讨中国制冷学会运维管理工程师和 ASHRAE 运维管理工程师资格互认的可行性，以期实现我国制冷空调系统运维管理技术的提升，推动我国运维管理人才的国际化进程。

4. 设立创新产品奖，激发产业人才的创新思维

自 2010 年起，中国制冷展推出了"中国制冷展新产品奖"，为展会增加了新的特色，其目的是挖掘行业的新技术、新产品、新工艺，同时宣传参展企业，表彰企业及其技术人员的贡献，激发更多企业和专业技术人员加强自主创新的动力。

随着企业的努力和行业的发展，新技术、新产品层出不穷。中国制冷展组委会秉承展商是展会基础，产品是技术载体的原则，于 2014 年制定了《中国制冷展"创新产品"申报办法》，并将历届的"中国制冷展新产品奖"升级为"中国制冷展创新产品奖"，以深入挖掘行业的新技术、新产品、新工艺，并利用颁奖大会、颁发"创新产品"标识等形式宣传获奖企业和研发人员。

这些展会活动已成为中国制冷展每年的必备活动，对于后备人才培养和产业人才创新意识的培养，起到了积极的推动作用。

3.7　工业化文化和工匠精神的领航人

制冷空调行业要以人们对美好生活的向往为目标，求真务实，敢于肩负国际担当，为实现强国之梦做出应有贡献。科学技术含量高的行业，重大的发展多会从科研学术领域最先萌生，体现"科学技术是第一生产力"的原理。从高校专业名称的更改，到吴良镛先生国家最高科技奖的获得，都表明制冷与空调这个幼小、稚嫩的行业将会越来越得到国家和人民的重视。在我国制冷空调行业由大到强，从制造大国向创造强国的奋斗过程中，文化的创新和发展至关重要。

中国制冷展专家委员会认识到，行业的发展离不开"工业化文化"和"工匠精神"，在行业发展迅速的时期，更应倡导和推动制冷空调行业的"工业化文化"以及"工匠精神"。

为了重视这种理念，专家委员会主任吴德绳教授曾在大会主题报告会上分别做了倡导工业化文化和发扬工匠精神的主题报告。2015 年，吴德绳教授指出发展我国的"工业化的文化"就是要借鉴成功经验，紧随时代的先进水平，立足我国国情，努力学习和总结工业化发展规律、哲理以及必须遵守的道德准则，并从社会意识、科学意识、市场意识、安全意识以及系统意识等多个方面深入剖析了"工业化的文化"的内涵，激发我国科技人员、管理部门的干部、企业的领导、企业的职工以及消费者的深思，对我国工业化的可持续发展起到积极的推动作用。

在 2017 年的展会上，吴德绳教授做了题为"发扬工匠精神，促进行业发展"的主题报告。吴教授深入浅出地分析了"工匠精神"的内涵，指出建筑设计师是含艺术的工匠，应具备"工匠精神"。"工匠精神"的本质是"精益求精"，要克服"片面图快，急功近利"、"偷工减料，降低成本"等思想障碍。发扬工匠精神的重点在于提高认识水平，进行思想革命，在保持自身优良传统的前提下，学习发达国家的先进经验，坚持执行新的认知。只有发扬"精益求精"的"工匠精神"，才能够使生产者分辨不同档次市场的需求，坚守优质优价理念，自觉维护企业信誉与品牌形象，才能够让中国制造进入高档市场。

工匠角色在科技发展中是永恒的，要重视工匠工作，努力磨炼第一线的动手能力和精益求精的工匠精神。制冷空调行业作为传统制造业，应该大力弘扬"工匠精神"，只有这样才能够保证行业在技术方面取得创新，在经济效益方面得到提高，实现快速、可持续、健康的发展。

前辈对行业各界的谆谆教导和拳拳之心，必将激励企业和所有从业人员，勤奋严谨地去关注工业化文明建设，精益求精地钻研技术、打磨产品。

3.8　结束语

综上所述，简要地回顾了中国制冷展十年来在倡导环境保护、节能减排，推动健康环境、食品安全，重视智能控制、人才培养，弘扬工业化文化和工匠精神方面的概况。

纵观十年进展，可以看出：中国制冷展是全球制冷空调企业展示创新成果，技术人员相互交流、相互学习的平台，是工程技术人员和学生了解行业现状、明确发展方向、学习新技术、启发新思维的鲜活教材，是展示行业自信、催人奋进的重要舞台，更是激发技术进步、提升自主创新能力的进军号角。每年的中国制冷展都将有效地推进我国和世界制冷空调技术与产业的快速发展。

我们期待着未来的中国制冷展将更加繁荣，制冷空调产业将更加昌盛。十年后，当我们再次回顾新的十年变化时，中国和世界制冷空调产业必将翻开了崭新的一页。

附　　录

附录 1　2009～2017 年中国制冷展主题

2009 年：坚定信心　共对危机

2010 年：攀登行业高峰　为低碳排放尽责

2011 年：美好生活　共同创造

2012 年：创新发展　节能减排

2013 年：服务民生　建设生态文明

2014 年：绿色创新发展　激发市场活力

2015 年：合作共赢　同护蓝天

2016 年：喜迎开局　高瞻远瞩　诚信务实　共奔小康

2017 年：匠心　智造　包容　共享

附录 2　2010～2017 年中国制冷展"创新产品"

1. 中国制冷展"创新产品"简介

为推动产品创新，促进技术进步，倡导低碳、绿色、环保的理念，中国制冷展组委会于 2010 年起开展中国制冷展"新产品"申报活动，于 2014 年进一步提高入选标准并更名为中国制冷展"创新产品"（以下简称"创新产品"）。

"创新产品"由各参展企业自行申报，中国制冷展组委会核准。"创新产品"分为制冷部件、空调热泵设备、冷冻冷藏设备、能量综合利用设备及其他热泵设备四大类，凡符合申报条件（详见"3.'创新产品'申报说明"）的产品，均可提出申报，活动不收取任何费用。"创新产品"的审核由中国制冷展组委会委托中国制冷展专家委员会负责。中国制冷展专家委员会由来自国内研究、设计院所和高等院校的专家组成。名单于每届中国制冷展前对外公布。对核准的产品，中国制冷展组委会授予"创新产品"称号，并提供"创新产品"标识，供企业在展会期间与产品一同展示，自 2018 年起还将提供"创新产品"证书；同时，中国制冷展会对"创新产品"进行相应的宣传。

2. 历届中国制冷展创新产品名录（见附表 2-1～附表 2-8）

2010 年中国制冷展"新产品"名单　　　　　　　　　　　　　附表 2-1

序号	产品名称	公司名称
1	螺杆复叠制冷系统	烟台冰轮股份有限公司
2	博客压缩机 EX-HG 防爆压缩机	德国博客制冷设备有限公司
3	超导暖风机	德州金迪空调配件有限公司
4	低温风冷热泵机组	北京金万众空调制冷设备有限责任公司
5	ELD250 毓外转子直流风机电机	卧龙电气集团股份有限公司
6	蒸发式冷凝机组一体机	北京和海益制冷科技有限公司
7	铝铝药芯焊丝	浙江新锐焊接材料有限公司
8	空调冷凝器排水泵	浙江省温岭市维尔峰机电有限公司
9	BF2 高压微雾加湿器	沃特美尔空气处理设备（北京）有限公司
10	AF2 汽水混合加湿器	
11	R410a 制冷系统用分子筛干燥过滤芯	上海绿强新材料有限公司
12	轴流风机	大连亿莱森玛机电有限公司
13	新型、高效蒸发式冷凝器	大连亿斯德制冷设备有限公司
14	WS85YV 制冷压缩机	杭州钱江压缩机有限公司
15	植绒钢板	无锡新大中薄板有限公司
16	电动制冷工具	润联（天津）五金工具有限公司
17	JNC 横流闭式冷却塔	浙江金菱制冷工程有限公司
18	铜管钢制截止阀	台州市安洲机械有限公司
19	23XRV 变频螺杆式冷水机组	开利空调售后服务（上海）有限公司
20	42CN 卧式暗装型	
21	板冰机	青岛阿伊斯曼制冰机有限公司
22	降膜式水冷螺杆机	珠海格力电器股份有限公司
23	热回收直流变频模块化多联机组	

续表

序号	产品名称	公司名称
24	燃气高效冷凝式暖风机	美国通贝公司
25	特迈斯热水型机组	特迈斯（浙江）冷热工程有限公司
26	ORBIT BOREAL 全封闭涡旋压缩机 R410A 水冷专用	比泽尔制冷技术（中国）有限公司
27	氨用钢质焊接阀	中南焦作氨阀股份有限公司
28	CO_2 专用板式热交换器	高力科技（宁波）有限公司
29	变频双螺杆压缩机	复盛实业（上海）有限公司
30	半封闭单机双级螺杆制冷压缩机	
31	半热回收型 GHP 燃气热泵	大连三洋制冷有限公司
32	DESICA	大金（中国）投资有限公司
33	多功能 VRV	
34	天花板嵌入式（环绕气流）直流变频分体式商用机	
35	CRD-2380 联网型温控器	朗德华信（北京）自控技术有限公司
36	全自动风管生产五线	广州康美风数控设备有限公司
37	通用 T2000 型空气净化机	东莞市利安达环境科技有限公司
38	板式显热交换器	淄博气宇空调节能设备有限公司
39	VIFO 中央空调能效控制系统	厦门立思科技有限公司
40	PHNIX 空气源高温热泵机组	广东芬尼克兹节能设备有限公司
41	低温冰箱	深圳市富达冷冻设备有限公司
42	太阳能—水源复合热泵	贝莱特空调有限公司
43	R404A（NH_3）/CO_2 复叠制冷机组	山东神舟制冷设备有限公司
44	板管蒸发式冷凝空调机组	广州华德工业有限公司
45	麦克维尔离心式热泵机组	深圳麦克维尔空调有限公司
46	麦克维尔磁悬浮离心式冷水机组	
47	微通道蒸发器	三花丹佛斯（杭州）微通道换热器有限公司
48	豪华型高温水源热泵机组	上海翰艺冷冻机械有限公司
49	流量自动平衡调节阀	广州新菱（佛冈）自控有限公司
50	调节型电动球阀	
51	SC-B 系列闭式塔	新菱空调（佛冈）有限公司
52	用于净化工程风机过滤单元（FFU）及控制系统	常州祥明电机有限公司
53	新型风机盘管机组的无刷直流电机系统	

2011 年中国制冷展"新产品"名单

附表 2-2

序号	产品名称	公司名称
1	大金家用挂壁机一级能效 F 系列	大金（中国）投资有限公司上海分公司
2	热回收 VRV 空调系统	
3	温湿度独立控制系统	
4	多功能 MX	
5	多功能型燃气热泵	大连三洋制冷有限公司
6	满液式地源热泵螺杆机组	南京枫叶能源设备有限公司
7	水—水式三联供水地源热泵机组	
8	高温螺杆式水地源热泵机组	

序号	产品名称	公司名称
9	EKCW 系列直流无刷风机盘管机组	广东欧科空调制冷有限公司
10	医院建筑专用空调制冷、采暖、热水三联供冷热水机组	广州市华德工业有限公司
11	SKY 系列整体型空调用螺杆压缩机	恺雷压缩机（美国）有限公司
12	RG 系列开启压缩机	上海汉钟精机股份有限公司
13	RV 系列变频压缩机	
14	世图兹（STULZ）CyberRow 行级制冷精密空调机组	世图兹（STULZ）集团
15	高效能方壳式模块机组	上海翰艺冷冻机械有限公司
16	系列 CO_2 制冷压缩机	烟台冰轮股份有限公司
17	变频水源热泵机组	德州亚太集团有限公司
18	热回收式双能源风冷热泵机组	
19	全空气诱导辐射单元	浙江盾安人工环境股份有限公司
20	PHNIX 超薄风机盘管系列	广东芬尼克兹节能设备有限公司
21	双稳态电子四通换向阀	上海高迪亚电子系统有限公司
22	离心式鼓风机	玄亚中国代表处——固强科技（深圳）有限公司
23	平行流冷凝器	浙江康盛热交换器有限公司
24	ESM 制冷风机	依必安派特风机（上海）有限公司
25	RadiCal 超凡曲线离心风机	
26	AKVH 电子膨胀阀	丹佛斯（上海）自动控制有限公司
27	丹佛斯 HHP 系列变压比热泵专用压缩机	
28	MPHE 微板换热器	
29	AK-CC550A 蒸发器控制器	
30	森博瑞平衡阀	上海清必诺机电设备有限公司
31	热气融霜空气冷却器	朝阳新兴制冷设备厂
32	单线体含油轴承结构的制冰机水泵	杭州莫尔电机有限公司
33	镰刀状前倾式叶片外转子轴流风机	
34	方壳管式换热器	杭州沈氏换热器有限公司
35	FT2-4 分体式微电脑控制箱	黄石市先达电子技术研究所
36	UA-W2 集中控制型微电脑温度控制器	
37	XBJ-6A 并联机组控制器	
38	空调冷凝水雾化泵	厦门伟通节能科技有限公司
39	WFS16 系列可设定流量和压差式的流量开关（专利）	上海安巢在线控制技术有限公司
40	ADPV 可视调节压差旁通阀	
41	AF0522 可视调节自动补水阀（专利）	
42	四工位气缸滑片槽去毛刺机	珠海和氏自动化设备有限公司
43	毛细管下料机	
44	套管挤压电阻焊铜铝管焊接接头	青岛市海清机械总厂

2012 年中国制冷展"新产品"名单 附表 2-3

序号	所属类别	产品名称	公司名称
1	制冷空调机组产品	低温风冷热回收机组	北京金万众空调制冷设备有限责任公司
2		大金水源热泵 VRV（热回收型）	大金（中国）投资有限公司上海分公司
3		大金自由冷暖 VRV 系列	
4		大金薄型全热交换器	
5		热回收型单元式空气调节机（YHF25NH）	德州亚太集团有限公司
6		ZK-5 高压静电集尘净化能量回收空调机组	
7		ERV 智能化中央空调——直流变频多联机	广州市华德工业有限公司
8		R744 空气源泵热水机组（CKYRS-70Ⅱ）	昆明东启科技股份有限公司
9		离心式冷水机组（降膜式）	广东美的暖通设备有限公司
10		风冷螺杆式冷（热）水机组（降膜式）	
11		风冷磁悬浮	青岛海尔空调电子有限公司
12		磁悬浮变频离心式冷水机组 WME 系列	深圳麦克维尔空调有限公司
13		R32 环保工质系列产品	同方人工环境有限公司
14		双冷源（热泵）温湿分控空调系统	
15		系列 CO_2 制冷压缩机组	烟台冰轮股份有限公司
16		节水型闭式冷却塔（CJW-20ASW）	烟台荏原空调设备有限公司
17		第二类吸收式热泵（RSH003Y）	
18		热管空调	苏州市朗吉科技有限公司
19		全空气诱导辐射单元	浙江盾安机电科技有限公司
20		集约型空调机组	
21		降膜式螺杆水冷式冷水机组	
22		GMV5 全直流变频多联空调机组	珠海格力电器股份有限公司
23		高效直流变频离心机	
24		电梯空调	
25		NH_3/CO_2 复叠制冷机组	山东神州制冷设备有限公司
26	压缩机产品	ECOLINE R134a 专用压缩机	比泽尔制冷技术（中国）有限公司
27		CO_2 活塞压缩机	
28		EM2X 系列封闭式活塞压缩机	北京恩布拉克雪花压缩机有限公司
29		VES 系列超级迷你变频压缩机	
30		QD65YV 制冷压缩机	杭州钱江压缩机有限公司
31		铁氧体变频空调压缩机	上海日立电器有限公司
32	控制设备产品	Energy Valve 能量调节阀	博力谋（上海）商贸有限公司
33		流量平衡电动调节阀	广州新菱（佛冈）自控有限公司
34		电动风阀驱动器	绥中泰德尔自控设备有限公司
35		AKS4100U 液位传感器	丹佛斯（上海）自动控制有限公司
36		PSH026 轻商用热泵专用压缩机	

续表

序号	所属类别	产品名称	公司名称
37	风机、电机产品	AEOLUS 超大型节能风扇	开勒通风设备（上海）有限公司
38		SSC2 无刷电机（莫利电机嘉兴有限公司）	雷勃电气集团雷勃企业管理（上海）有限公司
39		艾尔科（ELCO）节能马达 ECM 系列（艾尔科）	
40		KC 横流闭式冷却塔	上海金日冷却设备有限公司
41		FE2owlet（FN 系列）轴流风机	施乐百机电设备（上海）有限公司
42		EC 电机	依必安派特风机（上海）有限公司
43		超大 EC 直流风机	
44	其他产品（制冷剂、加工设备、配件等）	230UHM 超声波冷热量表	广州柏诚智能科技有限公司
45		预应力波纹管机	上海塔丰精密机械有限公司
46		手提式保温焊机	
47		改性原木风口	烟台市人和建设新技术发展有限公司
48		铆接机	珠海何氏自动化设备有限公司
49		水冷冷水机组管壳式冷凝器胶球自动在线清洗装置	深圳勤达富公司

2013 年中国制冷展"新产品"名单　　　　　　　　　　　附表 2-4

序号	所属类别	产品名称	公司名称
1	中央空调机组	TRILOGY40Q-MODE 水地源热泵	CLIMATE MASTER，INC.
2		超高效降膜式双级压缩离心机组	广东美的暖通设备有限公司
3		全直流变频智能多联中央空调	
4		离心式双工况冷水机组	烟台荏原空调设备有限公司
5		约克 YVAA 变频螺杆式风冷冷水机组	江森自控—约克广州空调冷冻设备有限公司
6		约克 YES Super 变频多联式空调系统	
7		水源超高温热泵机组	合肥天鹅制冷科技有限公司
8		射流式大空间节能空调	河北伯纳德能源科技有限公司
9	冷冻冷藏设备及配件	CO_2 螺杆压缩机组（LG16R）	烟台冰轮股份有限公司
10		神舟北极关联预测控制系统	北京卫星制造厂—北京星达科技发展有限公司
11		高效变频螺杆压缩机组系列	福建雪人股份有限公司
12	压缩机	超微型直流压缩机	深圳市瑞芸制冷技术有限公司
13		EM 迷你丙烷制冷剂压缩机	北京恩布拉科雪花压缩机有限公司
14		Fullmotion 变频压缩机	
15		思科普 R290 变频压缩机	思科普压缩机（天津）有限公司
16		思科普 R134a 变频压缩机	
17		新型大规格半封闭紧凑型螺杆压缩机	中意莱富康压缩机（上海）有限公司
18		一体化变频、变压缩比螺杆压缩机	
19		自带变频器的智能空调螺杆压缩机 CSVH	比泽尔制冷技术（中国）有限公司
20		稀土永磁体变频压缩机 VZH	丹佛斯自动控制管理（上海）有限公司
21	换热器	新型微板换热器	

续表

序号	所属类别	产品名称	公司名称
22	空气处理机组及装置	薄型新风换气机	北京环都人工环境科技有限公司
23		Pan Type PTC Steam Humidifier UC-VP2000	UCAN
24	电机及风机	FOC 磁场定位（矢量控制）一体化无刷直流外转子电机及高效精密风机	常州祥明电机有限公司
25		中央空调（末端）用一体化无刷直流电机及网络温控器	
26		RH. CPRO. Ecblue 离心风机	施乐百机电设备（上海）有限公司
27		AxiColl 风机	依必安派特风机（上海）有限公司
28		ELCO 新型 ECM-HC 产品	雷勃电气集团雷勃企业管理（上海）有限公司
29	阀及控制器	ICLX 系列两步开启型伺服主电磁阀	丹佛斯自动控制管理（上海）有限公司
30		动态平衡阀	博力谋（上海）商贸有限公司
31		热流计	
32		NA8888 分体电控箱	苏州新亚科技有限公司
33		采暖控温器	北京海林节能设备股份有限公司
34		DE iMFS 智能流体管理系统	艾蒙斯特朗流体系统（上海）有限公司

2014 年中国制冷展"创新产品"名单　　　　　　　附表 2-5

序号	所属类别	产品名称	公司名称
1	制冷设备	5 匹谷轮涡旋喷气增焓变频压缩机	艾默生环境优化技术（苏州）有限公司
2		EM2X1125U 压缩机	北京恩布拉科雪花压缩机有限公司
3		新型高效 6 缸半封闭跨临界 CO_2 压缩机 HGX46 CO_2 T	基伊埃博客压缩机（杭州）有限公司
4		环保冷媒 R32 变频压缩机	上海日立电器有限公司
5		思科普 XV 变频压缩机	思科普压缩机（天津）有限公司
6		120RT 系列大型四通换向阀	浙江三花股份有限公司
7	空调设备	户式溶液调湿新风机组	北京格瑞力德空调科技有限公司
8		TR 系列全直流变频家庭中央空调 MDVH-V180W/N1-612TR（E1）	广东美的暖通设备有限公司
9		RTVF 超高效变频离心式冷水机组	烟台荏原空调设备有限公司
10		美的高效气浮直流变频离心机	重庆美的通用制冷设备有限公司
11		R32 风冷热泵模块机组	
12		光伏直驱变频离心式冷水机组	珠海格力电器股份有限公司
13		GMV Crown 家用直流变频多联机	
14	冷冻冷藏设备	丹佛斯 ADAP-KOOL® AK-SM 800 系列超市管理系统	丹佛斯自动控制管理（上海）有限公司
15		GEA Omni 控制盘	基伊埃冷冻技术（苏州）有限公司
16		触控炫彩系列 EK-3000 系列	江苏省精创电气股份有限公司
17	供暖通风设备与能量综合利用设备	ZAplus 轴型风机（锯齿叶片）	施乐百机电设备（上海）有限公司
18		RHP 烟气全热回收型热泵一体机	烟台荏原空调设备有限公司

2015 年中国制冷展"创新产品"名单　　　　　　　　　　　　　附表 2-6

序号	所属类别	产品名称	公司名称
1	制冷设备	XSF 系列旋转四通换向阀	浙江三花股份有限公司
2		R32 涡旋压缩机	松下压缩机（大连）有限公司
3		丹佛斯 CXH140 涡旋压缩机	丹佛斯自动控制管理（上海）有限公司
4		思科普 KXV95KX 变频压缩机	思科普压缩机（天津）有限公司
5		RC2-G 螺杆式高温热泵压缩机	上海汉钟精机股份有限公司
6		GEA 博客防爆压缩机系列 EX-HG	基伊埃博客压缩机（杭州）有限公司
7		内置变频器的螺杆压缩机 CSVW26-200MY	比泽尔制冷技术（中国）有限公司
8		线性无油智驱压缩机	北京恩布拉科雪花压缩机有限公司
9		卡莱尔®06V CO_2 双级变频活塞式压缩机	上海一冷开利空调设备有限公司
10		MEMS 思服阀流体智控系统	浙江盾安人工环境股份有限公司
11		自平衡式膨胀阀	浙江省温岭市恒发空调部件有限公司
12		H 型无壳体一体化机架直流变频微型压缩机	上海日立电器有限公司
13		微通道热泵换热器	杭州三花微通道换热器有限公司
14	空调设备	志高全直流变频中央空调 CWV-VD252-WSAM	广东志高暖通设备股份有限公司
15		高效离心式冷水机组	烟台荏原空调设备有限公司
16		星盒	青岛海尔空调电子有限公司
17		A-Link 智能管理系统	宁波奥克斯电气有限公司
18		Colibri®电子膨胀阀	丹佛斯自动控制管理（上海）有限公司
19		变频直驱水地源离心热泵	广东美的暖通设备有限公司
20		MINI MAC-E 变频户式风冷热泵机组	麦克维尔中央空调有限公司
21		电动两通球阀	浙江盾安阀门有限公司
22		直流变频式风冷多功能一体机	烟台顿汉布什工业有限公司
23		GMV 致越全能一体机	珠海格力电器股份有限公司
24	冷冻冷藏设备	JZVLGA163DSJ3 螺杆压缩机组	大连冷冻机股份有限公司
25		立式冷热一体陈列柜	松下冷链（大连）有限公司
26		ICF 15-4 工业制冷组合阀	丹佛斯自动控制管理（上海）有限公司
27		堆积式螺旋冻结装置	南通四方冷链装备股份有限公司
28	供暖通风设备与能量综合利用设备	W3G800 导流扩散轴流风机机组	依必安派特风机（上海）有限公司
29		MAXvent owlet 中压轴流风机	施乐百机电设备（上海）有限公司
30		氨高温热泵机组	烟台冰轮股份有限公司

2016 年中国制冷展"创新产品"名单　　　　　　　　　　　　　附表 2-7

序号	所属类别	产品名称	公司名称
1	制冷设备	磁悬浮变频离心式冷水机组	上海汉钟精机股份有限公司
2		系列化电子膨胀（B/C/D/G/M）	浙江盾安人工环境股份有限公司
3		DSH 涡旋压缩机（带中间排气阀 IDV）	丹佛斯自动控制管理（上海）有限公司
4		新型高效 6 缸半封闭跨临界二氧化碳压缩机 HGX46 CO_2 T	基伊埃博客压缩机（杭州）有限公司
5		模块热泵机微通道换热器	杭州三花微通道换热器有限公司
6		车载空调用卧式涡旋压缩机	松下压缩机（大连）有限公司

序号	所属类别	产品名称	公司名称
7	制冷设备	CVI 系列永磁同步变频离心式冰蓄冷双工况机组	珠海格力电器股份有限公司
8		二氧化碳复叠撬块机组	济南大森制冷设备有限公司
9		高效变频丙烷压缩机	北京恩布拉科雪花压缩机有限公司
10	空调设备	核电站定频水冷离心式冷水机组	重庆通用工业（集团）有限责任公司
11		RadiPac EC Ⅱ 第二代即插即用节能离心风机	依必安派特风机（上海）有限公司
12		R32 低温强热空气源热泵模块式机组	麦克维尔中央空调有限公司
13		Turbocor TT700 系列压缩机	丹佛斯自动控制管理（上海）有限公司
14		GMV 铂韵家用多联机	珠海格力电器股份有限公司
15		西门子可编程控制器 RWG	西门子（中国）有限公司
16	冷冻冷藏设备	氨移动式制冷站	福建雪人股份有限公司
17		ICF 50-65 大规格组合阀	丹佛斯自动控制管理（上海）有限公司
18		风冷式压缩机冷凝机组	比泽尔制冷技术（中国）有限公司
19		CJJZLG12.5FW2 船用螺杆压缩机组	大连冷冻机股份有限公司
20	供暖通风设备与能量综合利用设备	NovoConTM智能执行器	丹佛斯自动控制管理（上海）有限公司
21		SmartX 控制器 AS-P	施耐德电气（中国）有限公司
22		ZAvblue 离心风机	施乐百机电设备（上海）有限公司
23		CO_2 复叠式冷源及热水、蒸汽集成系统	烟台冰轮股份有限公司
24		芬尼 200LD-JV 型一体式冷气热水器	广东芬尼科技股份有限公司
25	附属设备及其他	自成凸槽法兰高密封镀锌钢板风管	天津市五洲机电设备安装有限公司

2017 年中国制冷展"创新产品"名单　　　　　　　　　　　附表 2-8

序号	所属类别	产品名称	公司名称
1	制冷部件	微泡排气自动除污装置	上海翱途流体科技有限公司
2		CBVT 系列 CO_2 球阀	浙江三花智能控制股份有限公司
3		节流截止阀	浙江盾安人工环境股份有限公司
4		GEA 半封闭单级低温压缩机 HA	基伊埃冷冻技术（苏州）有限公司
5		新一代高效丙烷压缩机 SCE21MNX	思科普压缩机（天津）有限公司
6		三缸双级变容积比压缩机	珠海格力电器股份有限公司
7		变频螺杆压缩机 CSV 系列	比泽尔制冷技术（中国）有限公司
8		50 匹跨临界二氧化碳压缩机 6CTEU-50	
9		丹佛斯天磁磁悬浮无油压缩机 TG 系列	丹佛斯自动控制管理（上海）有限公司
10		艾默生能泉空调压缩机（20-25 HP）	艾默生环境优化技术（苏州）有限公司
11		四星轮压缩机	麦克维尔中央空调有限公司
12	空调热泵设备	19DV 衡置式双级变频离心式冷水机	开利空调销售服务（上海）有限公司
13		自然冷却式冷水机组	广东美的暖通设备有限公司
14		气悬浮变频离心式冷水机组	乐金空调（山东）有限公司
15		MCP-WXE 磁悬浮一体式全变频集成冷冻站	麦克维尔中央空调有限公司
16		GMV 铂韵家用多联机	珠海格力电器股份有限公司
17		GMV 舒睿多效型多联机	

序号	所属类别	产品名称	公司名称
18	空调热泵设备	MX 更新无线多联机	青岛海尔空调电子有限公司
19		电热管式加湿器钛制版	卡乐电子（苏州）有限责任公司
20		全工况冷却系统	上海艾客制冷科技有限公司
21		绝热索斯风管	杜肯索斯（武汉）空气分布系统有限公司
22		"焰阳"超低温空气源热泵	麦克维尔中央空调有限公司
23	冷冻冷藏设备	氨并联机组 &CO₂ 并联机组的氨 CO₂ 复叠制冷系统	济南大森制冷设备有限公司
24		LB-Plus 低温螺杆压缩机	上海汉钟精机股份有限公司
25		工业制冷 ICS 控制阀全新伺服导阀 CVP CVPP CVC CVE	丹佛斯自动控制管理（上海）有限公司
26		丹佛斯电控跨临界多联喷射器 CTM	
27		FZP154/300 新颖直流刷外转子轴流风机	常州祥明智能动力股份有限公司
28		AxiCool 节能冷风机	依必安派特风机（上海）有限公司
29		SS5 系列压缩机	福建雪人股份有限公司
30		AIST 氨/二氧化碳复叠机组	烟台冰轮股份有限公司
31	能量综合利用设备及其他热泵设备	永磁变频降膜式蒸发冷多功能一体机	顿汉布什（中国）工业有限公司
32		LT-S-H 单机双级压缩机	上海汉钟精机股份有限公司
33		G3G190 蜗壳型 RadiCal 叶轮鼓风机	依必安派特风机（上海）有限公司

3. 中国制冷展"创新产品"申报说明（现行）

2018 年中国制冷展"创新产品"申报说明

1. 为了进一步推动创新，倡导"节能、环保"理念，促进技术进步和产业发展，中国制冷展组委会开展"中国制冷展创新产品"评选活动。为规范申报、评审程序，特制定《中国制冷展"创新产品"申报说明》（以下简称《说明》）。

2. 中国制冷展"创新产品"全称为"××××年中国制冷展创新产品"（以下简称"创新产品"），由各参展企业自愿申报，中国制冷展组委会组织专家评审。活动不收取任何费用。

3. "创新产品"评审由中国制冷展专家委员会承担，评委团队由来自国内研究、设计院所和高等院校的专家组成。

4. 所申报的"创新产品"应为计划在本届展会期间展出的产品，"创新产品"应满足以下要求：

（1）已定型；如果尚未量产，应有第三方鉴定意见及其他支持材料；如已量产上市，在中国市场正式上市不超过 1 年半；

（2）首次在中国制冷展进行展示；

（3）知识产权清晰，无产权纠纷；

（4）符合节能、环保的理念

（5）新颖性，符合下列条件之一：

1）自主研发，相对于市场同类产品和以往中国制冷展的展品，具有显著进步的产品；

2）引进消化吸收再创新的产品；

3）应用新技术的传统产品；

4）市场暂无的产品；

5）其他具有新颖性的产品。

（6）先进性，符合下列条件之一：

1）产品的性能指标达到国内领先、国际先进或国际领先水平；

2）产品的可靠性或使用特性（如便利性等）有显著改善；

3）产品的功能增加（强）或有显著完善；

4）产品的选型及适用范围加大或规格、重量显著减少；

5）产品的节能和环保指标有显著改善；

6）具备能体现产品先进性的其他性能指标。

符合（1）、（2）、（3）、（4）项要求，且满足（5）、（6）中至少各一项指标的，在条款5规定范畴内的产品，可以申报"创新产品"。

5. 以下各类展品，凡符合条款4规定的，均可提出申报：

（1）制冷部件

所有与制冷系统有关的部件、配件，如：压缩机、换热器、膨胀阀、管路元件、制冷剂等。

（2）空调（热泵）设备

所有与空调系统有关的机组、设备等，如：整体式、分体式、多联式空调（热泵）机组、冷水机组、空调末端设备、蓄冷设备、相关自动控制与安全保护部件、通风设备等。

（3）冷冻冷藏设备

所有与冷冻冷藏有关的机组、设备等，如：整体式、分体式制冷器与机组、陈列柜、组合冷库、压缩冷凝机组、冷风机及排管、制冰设备、速冻设备、气调设备、相关自动控制及安全保护部件等。

（4）能量综合利用设备及其他热泵设备

余热回收机组及设备、可再生能源利用设备、热泵热水器、热泵烘干机等。

注：用于实现建筑环境舒适性且不涉及能量回收的热泵产品归入第2类。

6. 参展企业申报"创新产品"，需正式填报"中国制冷展创新产品申请表"，"申请表"分为"表1 申报企业信息"及"表2 申报产品信息"。每个申报企业仅需填写提交1份"表1"，企业每申报1项产品需提供1份"表2"。建议每个企业每个产品细类不要申报1项以上产品。

7. 建议为每项申报产品提供以下材料：

（1）产品说明书或用户手册＊；

（2）产品专利证书或专利受理文件＊；

（3）（第三方）性能检测报告＊；

（4）第3方技术鉴定意见＊；

（5）获奖证书；

（6）证明产品先进性的其他补充说明文件；

（7）查新报告或证明产品新颖性的其他补充说明文件；

（8）产品应用案例说明及用户使用证明等辅助材料；

（9）其他。

注：标"＊"的至少有2项，材料越全越好。

8. 申报材料提交电子版1份，纸质版1份。

电子版：

（1）"申报表表1"，盖章后扫描成pdf文件，文件名为企业名称；

（2）每项产品的所有申报材料放到一个单独的文件夹中，文件夹名字为企业名＋产品名；

（3）文件夹中包括：

"申报表表2"，盖章后扫描成pdf文件，文件名为产品名称；

条款7中涉及的各项内容，做成一个pdf文件，按"表2"中目录项的顺序排序；

2张分辨率在300DPI及以上的清晰产品外貌图片，图片主要用于组委会对入选产品的宣传。

电子版以超大附件形式发送至wzhang@car.org.cn。

纸质版：

（1）申报材料以盖章的纸质版为准；纸质版请彩色打印；

（2）纸质申报材料递交截止至2018年2月5日，以寄出的邮戳时间为准；邮寄地址：北京市阜成路67号银都大厦10层中国制冷学会，100142，张雯（收），联系电话：010-68719976，13401125184。建议使用顺丰快递。中国制冷学会收悉电子邮件及纸质申报文件后，将以电子邮件形式回复发件方予以确认。

9. 名单于每届中国制冷展前对外公布。对通过评审的产品，中国制冷展组委会授予"创新产品"称号，并提供"创新产品"奖牌及证书，供企业展示；同时，中国制冷展会对"创新产品"进行相应的宣传，并举办颁奖典礼。

10. 申报企业自行对"创新产品"的宣传，应该坚持客观、科学的原则，宣传内容不可与《说明》的内涵相违背。

11. 中国制冷展组委会保留对该活动的最终解释权。

中国制冷展组委会

2017年10月24日

表1 企业信息

企业名称	中文：					
	英文：					
通讯地址						
官方网站						
市场部门联系人信息						
姓名		职务		部门名称		
座机		手机		Email		
技术部门联系人信息						
姓名		职务		部门名称		
座机		手机		Email		
企业概况						

1. 企业性质

国有企业□中外合资企业□外商独资企业□民营企业□其他□

说明①：

2. 成立时间②

3. 年销售额

4. 主要产品类别

5. 技术研发人员数量

0-20□21-50□51-100□100 以上□

6. 其他认为重要的说明③

盖章（超出 1 页需盖骑缝章）

① 中外合资企业、外商独资企业请说明国别；其他请具体说明；
② 如果是合资或者独资企业，请分别注明国内公司和总公司成立时间；
③ 其他能够体现企业实力和特点的内容。

表 2 产品信息

产品名称	中文：	
	英文：	
产品类别	大类：参照《申报说明》第 5 条中的 4 大类填写	
	细类：详细类别，参考《申报说明》第 5 条中 4 大类下的细分类别填写	
申报辅助材料目录		
1	产品说明书或用户手册	份
2	产品专利证书或专利受理文件（至少一项发明专利）	份
3	第三方性能检测报告	份
4	第三方技术鉴定意见	份
5	获奖证书	份
6	证明产品先进性的其他补充说明文件	份
7	查新报告或证明产品新颖性的其他补充说明文件	份
8	产品应用案例说明及用户使用证明等辅助材料	份
9	其他	份
产品简介		
此产品于_____年_____月完成研发，于_____年_____月正式投入中国市场。*		
注：以上一栏为必填项，同时贴出产品的外观图、原理图；简要阐述产品的功能。		

附录

研发目的
简要阐述研发该产品的原因及目的，如：进一步提高能效、提高可靠性、降低噪音，解决原来无法应对的问题等。不超过 200 字。

创新点
简单阐述产品相较现有同类产品的创新点（不超过 3 条的核心技术内容）。不超过 400 字。

原理
简单阐述产品实现技术创新和提升性能的基本原理。不超过 400 字。

产品技术参数
列出产品的主要性能参数（注明工况条件或遵循的产品标准）。不超过 400 字。

声明
本公司拥有本产品的全部知识产权，并对申报材料的真实性负责。 公司名称（盖章）： 日期：

注：文件 1 页以上需盖骑缝章。

附录3 2010～2017 年中国制冷展主题论坛报告

序号	2010 年中国制冷展主题论坛报告
	题目、报告人及主要内容
1	题目：科技与低碳
	报告人：徐锭明，国务院参事、国家能源专家咨询委员会主任
	主要内容：国际金融危机使我国转变经济发展方式问题突显出来，综合判断国际国内经济形势，转变经济发展方式已刻不容缓。我们必须见事早、行动快、积极应对，要以低碳目标调整产业结构，以环境要求调整产业方向，以生态和谐调整产业布局，以科学发展调整发展思路
2	题目：低碳经济绿色消费
	报告人：吴季松博士，瑞典皇家工程科学院外籍院士、北京循环经济促进会会长、北京航空航天大学中国循环经济研究中心主任
	主要内容：报告全面阐述了我国低碳政策的制定过程和发展方向，解读当前国家低碳政策，介绍低碳经济的源头——新经济理论。提出低碳经济师支撑可持续发展的重要举措，并对建设绿色北京建言献策
3	题目：对空调制冷领域未来发展的思考
	报告人：江亿，清华大学教授、中国工程院院士
	主要内容：报告就"低碳理念下制冷空调学科及行业的发展展望"，全面阐述了为加快节能减排步伐、发展低碳经济社会，我国制冷空调学科和行业的发展战略问题
4	题目：哥本哈根会议和我们的低碳责任（Copenhagen Conference and our responsibility for achieving a low carbon society）
	报告人：Didier Coulomb，国际制冷学会总干事
	主要内容：报告对哥本哈根会议的相关情况进行了回顾，并提出了制冷空调行业为实现低碳排放所应负起的相应责任

序号	2011 年中国制冷展主题论坛报告
	题目
1	题目：我国经贸形势分析与展望
	报告人：张志刚，十一届全国政协经济委员会副主任、商务部原副部长、中国商业联合会会长
	主要内容：对当前我国的经济和贸易形势进行分析和展望，指出我国在"十二五"期间，必须建立扩大消费需求的长效机制，需面向城乡居民生活，丰富服务产品类型，扩大服务供给，提高服务质量，满足多样化需求，为构建和谐社会、创造美好生活指明了方向
2	题目：当前中国经济面临的反差与走势
	报告人：魏加宁研究员，国务院发展研究中心宏观研究部副部长
	主要内容：报告仔细分析了世界和中国的经济发展重点和我国经济对世界经济的贡献。魏加宁研究员认为2011 年世界经济可能会比 2010 年略好，但快速复苏无望，仍需依靠中国等新兴国家的经济崛起带动世界经济的复苏，他希望我国制冷空调行业需努力奋进，以技术创新迎接崭新的 5 年
3	题目：新世纪我国食品冷藏业进步的回顾和展望
	报告人：徐庆磊教授级高工，中国制冷展专家委员会副主任
	主要内容：报告对近十年来我国食品冷藏技术和产业的发展的进步，进行全面的回顾。同时，分析指出未来十年发展的方向和关键问题。徐庆磊教授认为，今后十年，是我国建成小康型社会的关键时期，它为我国食品冷藏行业的发展提供了巨大的空间。世情、国情将持续发生深刻的变化，加快转变经济发展方式，开创科学发展的新局面，已成为国人的共识。通过"十二五"国家规划的实施，我国食品冷藏业的发展一定会迎来一个更加辉煌的未来

续表

2011 年中国制冷展主题论坛报告

序号	题目
4	题目：The Influence of European Energy Saving and Environmental Protection Policy on（H）VACR Sector
	报告人：Thomas Schräder 博士，德国机械设备制造商联合会空气处理技术协会主席
	主要内容：报告以大量的数据就欧洲的节能环保政策对 HVACR 领域的影响进行了分析，为我国制冷空调行业走向世界提供了重要的政策引导

2012 年中国制冷展主题论坛报告

序号	题目
1	题目："十二五"背景下国家的能源规划和节能政策
	报告人：周大地研究员，中国能源研究会常务副理事长、国家发展与改革委员会能源研究所
	主要内容：报告指出我国面临着严峻的资源环境制约，新能源发展关键在于应用。我国能源发展本身要充分体现科学发展观，防止行业自我利益扩张，需从以解决短缺为主转向追求系统优化提高质量、效率和效益为主，要注重投资经济效益，提高系统能源效率，降低系统成本，防止盲目扩张，防止投资风险。周大地研究员为我国产能与用能产业的发展指出了方向
2	题目：吸收式热泵循环的应用
	报告人：江亿，清华大学教授、中国工程院院士
	主要内容：江院士分析指出，吸收式热泵能够在解决集中供热问题中起到关键作用，吸收式热泵是实现供热系统形式革命性变化的关键设备，应得到更大的发展，号召相关企业积极开展多种形式的吸收式热泵的研究，满足新的需求；吸收机的企业要"北上"，开辟新的广阔市场；供热、热能动力、制冷三个专业合作，发展新的系统形式，共同完成供热系统的优化设计，以迎接吸收式技术新的春天的到来
3	题目：淘汰 HCFC 制冷剂，促进节能
	报告人：Young W. Park 博士，联合国环境规划署亚洲代表及地区主任
	主要内容：报告阐述了淘汰 HCFC 制冷剂对环境保护的作用和意义，并分析了各国的对策，"他山之石可以攻玉"，Young W. Park 博士的报告为我国制冷空调行业的发展提供了良好的借鉴
4	题目：论坛总结兼谈制冷空调产业及技术发展方向
	报告人：吴元炜研究员，中国制冷展专家委员会名誉主任
	主要内容：吴元炜教授总结了行业特点：制冷空调行业总体规模不大，但其作用很大，惠及千家万户，惠及各行各业，且制冷空调的运行能耗在国家总消耗中占的比例不低，面临巨大的挑战。在此基础上指出，行业要变挑战为机遇，在实现国家"十二五"规划上做出更大贡献，需要在"高效、低能耗、环保"上下功夫，促进现代设施农业、工业余热回收再利用、关注民生等战略性新兴产业的发展

2013 年中国制冷展主题论坛报告

序号	题目
1	题目：中国相关节能政策解读及制冷空调行业面临的挑战和机遇
	报告人：韩晓平，中国能源网 CEO
	主要内容：介绍了全球的能源现状以及我国遇到的能源挑战。韩晓平指出，我国的主要能源消费依靠煤炭，2012 我国煤炭消费占据总能源消费的 66%，煤炭消费几近失控，在这种状况下，应该推动能源生产与消费革命，急需控制能源消费总量。在经济建设上，要坚持发展才是硬道理，要坚持科学发展，需要遏制盲目蛮干式的发展、遏制竭泽而渔式的发展，更不能进行砖头搬来搬去的空头发展。为我国的能源生产和利用指明了方向
2	题目：第三次产业革命——由制造业向制造服务业迈进
	报告人：陈超研究员，上海图书馆副馆长、上海科学技术情报研究所副所长
	主要内容：陈超指出，新产业革命初显端倪，全球正经历第三次工业革命，信息技术引发制造业变革到了质变的临界点（未来制造业将向制造服务业转型迈进）。制造业与服务业的融合是必然的发展趋势，是人类社会迈向信息社会的必然结果（从工业化到信息化），也是人类经济形态高级化的必然结果。从需求的本质来看问题、解决问题，是制造业向制造服务业转型的关键

<table>
<tr><td colspan="2" align="center">2013 年中国制冷展主题论坛报告</td></tr>
<tr><td>序号</td><td align="center">题目</td></tr>
<tr><td rowspan="3">3</td><td>题目：建筑行业发展给制冷空调行业带来的新挑战、新机遇</td></tr>
<tr><td>报告人：吴德绳教授级高工，中国制冷展专家委员会主任</td></tr>
<tr><td>主要内容：结合 2012 年我国建筑业两大重要事件，即清华大学吴良镛先生以"人居环境科学"获得国家最高科技奖、"建筑环境与设备工程专业"被教育部更名为"建筑环境与能源应用工程专业"，对我国建筑行业发展给制冷空调行业带来的新挑战、新机遇进行了形象、生动的剖析。吴德绳教授的报告为我国制冷空调行业加油、鼓劲，给行业带来了巨大的鼓舞，为从业者和未来的建设者指明了奋斗方向</td></tr>
<tr><td rowspan="3">4</td><td>题目：Opportunities in the Global Cold Chain（全球冷链发展机遇）</td></tr>
<tr><td>报告人：Bruce Badger，国际氨制冷协会（IIAR）主席</td></tr>
<tr><td>主要内容：Bruce Badger 认为无论是世界还是中国，冷链产业都面临巨大的发展机遇。针对中国目前冷链技术发展过程中存在的不足，Bruce Badger 主席建议，中国应在目前工作的基础上，建立一套更为完善的标准体系，以规定每种食品储存和运输过程的最低要求，包括初始过程和处理、冷藏运输、食品加工、冷藏储存和销售点的温度参数的设置等，有助于推动中国冷链产业的快速发展</td></tr>
</table>

<table>
<tr><td colspan="2" align="center">2014 年中国制冷展主题论坛报告</td></tr>
<tr><td>序号</td><td align="center">题目</td></tr>
<tr><td rowspan="3">1</td><td>题目：房地产市场发展形势分析和政策解读</td></tr>
<tr><td>报告人：刘琳主任，国家发展改革委员会投资研究所房地产研究中心</td></tr>
<tr><td>主要内容：介绍了我国房地产行业的现状和发展趋势，为服务于房地产行业的制冷空调行业发展提供了前沿信息。刘琳主任详细解读了国家政策，并分析了国家的差别性住房调控思路和住房供应体系。在经济平稳增长的背景下，预计房地产市场维持调整态势，房价下降的城市数量将逐步增多，房企集中度上升，全年房地产投资增速减缓。这些信息为制冷空调行业的市场转型和产品定位提供了重要的依据</td></tr>
<tr><td rowspan="3">2</td><td>题目：Moral Obligations of the Built Environment（建筑环境的道德义务）</td></tr>
<tr><td>报告人：William P. Bahnfleth 教授，ASHRAE 主席、美国宾州大学</td></tr>
<tr><td>主要内容：报告中指出，当今世界有很多国家在建筑环境营造方面尚未达到实现可持续发展的最低标准。William P. Bahnfleth 教授通过大量的数据，阐述了住宅建筑和商业建筑是最大的终端用户和污染源，强调燃烧产生的细颗粒物引起的空气污染是一个全球的健康问题。进而分析指出工业厂商、用户以及社会三方在面临建筑环境相关问题时的关注点。同时指出，社会团体和专业人员必须将这种社会责任感融入自己的工作中，并应通过法律文件的形式规范行业道德和社会义务</td></tr>
<tr><td rowspan="3">3</td><td>题目：新形势推动制冷空调业健康发展</td></tr>
<tr><td>报告人：吴德绳教授级高工，中国制冷展专家委员会主任</td></tr>
<tr><td>主要内容：报告高瞻远瞩地指出，制冷空调行业要贯彻党的十八大精神，以人们对美好生活的向往为奋斗目标，求真务实，敢于肩负国际担当，尊重市场经济规律，发展制冷空调产业，为实现强国之梦做出应有贡献。为迎接城镇建设的新战役，推动行业健康发展，科技和产业工作者应以市场的科学性需求为导向，推动绿色建筑发展，追求务实诚信，发展制冷空调新技术、新思想，为建筑业的发展提供支持，为食品安全提供技术保障</td></tr>
<tr><td rowspan="3">4</td><td>题目：食品营养与安全</td></tr>
<tr><td>报告人：冯双庆教授，中国农业大学</td></tr>
<tr><td>主要内容：报告从营养学角度全面剖析了食品成分的重要性以及保存方法，并以科普的方式展示了我国的饮食文化产业的发展现状，指出制冷技术应为食品安全主运提供技术支撑</td></tr>
</table>

2015年中国制冷展主题论坛报告

序号	题目
1	题目：中国雾霾问题的形成机理及控制建议
	报告人：谢绍东教授，北京大学（受中国工程院院士唐孝炎教授委托）
	主要内容：报告就"雾"与"霾"、"PM$_{2.5}$（细颗粒物）"与"霾"的区别，霾的形成机理的内因和外因，PM$_{2.5}$的来源进行了科学、严谨的阐述，并提出了持续改善空气质量、预防和减缓重污染过程的建议
2	题目：我国制冷空调行业发展展望
	报告人：江亿，清华大学教授、中国工程院院士
	主要内容：分析提出了我国制冷空调行业面临五方面的挑战，并通过大量的数据和技术分析指出应在系统形式上创新、在末端方式上创新、在降低输配能耗方面创新，以降低民用和工业建筑的空调和工艺能耗。报告分析指出我国应通过"一带一路"，带动新的空调产业发展，引导基础设施建设和建筑业走出国门，向西亚和东南亚发展。同时还阐述了互联网和大数据给暖通空调行业带来的机遇
3	题目：努力提高"工业化的文化"素养
	报告人：吴德绳教授，中国制冷展专家委员会主任
	主要内容：吴教授通过对发达国家和我国企业的发展道路、行业文化的分析，结合自己多年来的工作经验和思考总结，全面阐述了"工业化的文化"的内涵，他将"工业化的文化"归纳为"社会意识、科学意识、市场意识、安全意识、系统意识"五个方面。吴教授全面深入地剖析了"工业化的文化"的内涵，相信他必将唤起我国科技人员、管理部门的干部、企业的领导、企业职工、消费者的深思，也必将为我国工业化的可持续发展起到积极的推动作用
4	题目：欧洲的节能环保政策发展及其对 HVAC&R 产业的影响
	报告人：Andrea Viogt 女士，欧洲能源与环境合作组织（EPEE）秘书长
	主要内容：报告较为全面地阐述了欧洲对暖通空调的节能减排措施及其对行业的影响问题。欧洲设定 2020 年的"3个20"目标。上述目标对欧洲 HVAC&R 行业的能源政策产生了很大的影响，行业制订了一系列的能源法规，该目标也对 HVAC&R 行业的制冷剂相关政策产生了积极的影响，制定的欧洲低碳路线图中确立了 2030 年含氟温室气体排放降低 72% 的目标

2016年中国制冷展主题论坛报告

序号	题目
1	题目：《"十三五"规划纲要》解读
	报告人：姜长云研究员，国家发展改革委员会产业经济与技术经济研究所
	主要内容：报告介绍了"十三五"规划的地位作用和框架结构，阐释了其指导思想、主要目标和发展理念，并指出了我国产业发展环境的变化及其影响，最后发表了对当前我国经济增速的看法及认识。制冷空调产业必须根据国家战略需求和发展趋势，科学制定发展规划，引导行业健康、快速发展
2	题目：中国空调热泵发展及趋势
	报告人：徐伟研究员，中国建筑科学研究院
	主要内容：徐伟研究员首先提出了两个问题：①国内外空调热泵市场新形势如何？②什么是高性能的空调热泵乃至暖通空调产品？以此，分析了国内外空调热泵市场的现状，指出了我国空调热泵发展趋势。同时，为高性能节能产品的认证与推广提供了有效途径
3	题目：适应新常态促进制冷空调行业的创新与发展
	报告人：罗继杰教授，中国勘察设计协会建筑环境与设备分会理事长、中国勘察设计大师
	主要内容：针对我国制冷空调行业的发展现状，从实现行业发展理念的转变、制冷空调行业实用技术的创新应用和制冷空调行业的发展机遇及方向等方面做了详细的阐述
4	题目：The Indian HVAC&R Growth Story（印度 HVAC&R 产业的发展之路）
	报告人：Sachin MAHESHWARI 先生，印度暖通空调学会（ISHRAE）主席
	主要内容：报告较为全面地阐述了印度 HVAC&R 产业的发展历程，分析了推动 HVAC&R 市场的发展因素，介绍了当前印度 HVAC&R 的市场趋势。最后，在报告中指出，近年来，印度政府采取 3 年免税、无监管检查等措施来吸引外资，为投资者创造了良好的投资环境，推动了印度 HVAC&R 行业的蓬勃发展

2017年中国制冷展主题论坛报告

序号	题目
1	题目：扩大和深化制造业合作，提高共建"一带一路"质量
	报告人：侯永志研究员，国务院发展研究中心发展战略和区域经济研究部部长
	主要内容：深入剖析了共建"一带一路"带来的发展机遇并将其概括为六大效应，从多个角度介绍了共建"一带一路"取得的丰硕成果，指出可持续发展是"一带一路"战略面临的重大课题并阐明共同提升发展中国家在全球产业链中的地位是共建"一带一路"的重要目标，最后解释了扩大和深化制造业合作的重要性
2	题目：2017年宏观经济形势及政策分析与展望
	报告人：王远鸿博士，研究员，国家信息中心经济预测部首席经济师
	主要内容：王远鸿博士在分析2016年经济形势的基础上指出目前我国经济面临的主要问题，深入解析了我国2017年宏观经济政策取向，分享了他对2017年经济增长的展望。王远鸿博士的报告引导与会人员对于中国宏观经济形势进行分析思考，对于制冷空调行业而言，如何在新的经济形势以及经济政策下保持行业的健康快速发展成为行业的重要研究内容。只有分析清楚目前我国以及世界的经济形势与政策，才能够更好地制定企业发展策略，促进行业的发展壮大
3	题目：发扬工匠精神，促进行业发展
	报告人：吴德绳教授级高工，中国制冷展专家委员会主任
	主要内容：吴德绳先生指出建筑设计师是含艺术的工匠，介绍了建筑艺术与一些纯艺术的区别，强调工匠人才对于中国科技发展至关重要，深入解析了"工匠精神"内涵，提倡加强产品全寿命意识，建议培养有工匠精神的专业人员。最后吴德绳高工探讨了体制建设对于工匠精神弘扬的重要作用
4	题目：Heating in Europe-A journey through the past，present and future
	报告人：Felix Van Eyken，Eurovent协会秘书长、欧洲HVACR制造商和协会代表
	主要内容：报告介绍了Eurovent协会的概况，回顾了欧洲供暖方式的演变过程，介绍了目前欧洲的供暖方式，展望了欧洲未来的供暖方式。最后，Felix Van Eyken给出了未来新建个人住宅的设计理念：其朝向应为最佳，围护结构保温性能好，采用热泵系统进行供暖/制冷，采用高性能通风系统以及使用太阳能电池板发电或制取生活热水

附录4　2012～2017年专题研讨会主题

2012 年专题研讨会主题	
序号	主题
1	冷冻冷藏技术（上）——需求
2	工业余热回收
3	压缩机技术应用
4	冷冻冷藏技术（下）——服务
5	建筑节能
6	2012 年工商制冷空调设备标准的发展
7	CAR& ⅡAR 专题研讨会：氨制冷技术的安全应用
8	CAR&ASHRAE 专题研讨会：高能效建筑

2013 年专题研讨会主题	
序号	主题
1	新工质压缩机及其应用
2	热泵技术在供暖领域的应用
3	制冷空调设备新标准（制、修订）
4	冷链技术及发展趋势
5	数据中心机房Ⅰ
6	液化天然气气化与冷能利用
7	自然制冷剂在中国的市场
8	数据中心机房Ⅱ
9	2013 臭氧与气候行业会议

2014 年专题研讨会主题	
序号	主题
1	制冷空调设备新标准（制、修订）
2	CAR-ASHRAE Workshop——室内空气品质
3	制冷空调运行、管理和维护人才培养
4	智能走进空调，绿色成就未来！——暖通空调未来市场趋势分析
5	设计师论坛——超高层建筑的暖通空调系统
6	压缩机技术及其应用
7	氨制冷系统的安全应用
8	制冷空调产品能效评价
9	热泵热水器高峰论坛

2015 年专题研讨会主题	
序号	主题
1	CRAA-Eurovent 空气质量及能效论坛
2	制冷空调运行、管理和维护人才培养
3	制冷空调设备新标准制/修订

2015 年专题研讨会主题

序号	主题
4	冷链建设的发展方向
5	2015 臭氧气候工业圆桌会议
6	暖通空调设计师论坛——大空间空调系统设计
7	压缩机技术及应用
8	CAR-ASHRAE Workshop Ⅰ：高层及超高层建筑设计
9	EPEE&CRAA Side-event：机遇与挑战——欧盟法规及其对中国企业的影响
10	2015 臭氧气候工业圆桌会议
11	制冷空调的创新技术及基础技术论坛
12	CAR-ASHRAE Workshop Ⅱ：高性能建筑——辐射冷却及辐射供热

2016 年专题研讨会主题

序号	主题
1	2016CAR-ASHRAE "高性能建筑" 研讨会（上）：能效
2	2016CAR-ASHRAE "高性能建筑" 研讨会（下）：室内空气品质
3	冷链产业领袖峰会
4	制冷空调系统的运行、维护与管理
5	制冷空调设备新标准制/修订
6	轻型商用制冷设备的技术发展
7	暖通空调设计师论坛——变频与控制
8	冬奥会及制冷技术
9	压缩机技术及应用
10	室内空气品质
11	2016 臭氧气候工业圆桌会议
12	EPEE-CRAA 会议：欧洲法规及其对中国企业的影响
13	2016 中国制冷展创新产品论坛
14	热泵采暖技术与标准化国际对比

2017 年专题研讨会主题

序号	主题
1	CAR-ASHRAE Workshop："高性能建筑" 研讨会（上）
2	CAR-ASHRAE Workshop："高性能建筑" 研讨会（下）
3	热泵标准体系解读及新标准进展
4	清洁能源取暖工程和设备标准进展与思考
5	大空间气流组织技术
6	地下铁道环境控制节能技术与设备系统
7	2017 臭氧气候工业圆桌会议
8	轻型商用制冷设备创新发展论坛
9	"煤改电" 热泵用压缩机技术
10	冷冻冷藏行业新技术、新产品
11	EPEE-CRAA SIDE-EVENT：欧洲能效立法与 F-Gas 法规进展
12	磁悬浮离心机在中国的发展
13	夏热冬冷地区供暖技术
14	基于 APF 标准的空调器设计
15	中国工商制冷空调行业第二阶段 HCFCs 淘汰管理计划实施启动会